Tasty Food
食在好吃

烤箱做家常菜
一学就会

杨桃美食编辑部 主编

江苏凤凰科学技术出版社

图书在版编目（CIP）数据

烤箱做家常菜一学就会/杨桃美食编辑部主编.——
南京：江苏凤凰科学技术出版社，2015.10（2019.4重印）
（食在好吃系列）
ISBN 978-7-5537-4936-5

Ⅰ.①烤… Ⅱ.①杨… Ⅲ.①电烤箱－菜谱 Ⅳ.
① TS972.129.2

中国版本图书馆 CIP 数据核字 (2015) 第 148882 号

烤箱做家常菜一学就会

主　　　编	杨桃美食编辑部	
责 任 编 辑	张远文　　葛　昀	
责 任 监 制	曹叶平　　方　晨	

出 版 发 行	江苏凤凰科学技术出版社
出版社地址	南京市湖南路 1 号 A 楼，邮编：210009
出版社网址	http://www.pspress.cn
印　　　刷	天津旭丰源印刷有限公司

开　　　本	718mm×1000mm　1/16
印　　　张	10
插　　　页	4
版　　　次	2015年10月第1版
印　　　次	2019年4月第2次印刷

标 准 书 号	ISBN 978-7-5537-4936-5
定　　　价	29.80元

图书如有印装质量问题，可随时向我社出版科调换。

随着社会的发展，人们的饮食文化也逐渐丰富多彩起来，不但讲究色、香、味俱全，更要求滋、养、补的养生特点，所以菜色越来越多，烹饪手法也越来越新颖多样。常用来制作面包、点心的烤箱，其实用途非常广泛，用它来烹饪各式各样美味珍馐，不但能保住食物的大部分营养成分，而且在操作等方面，相对于其他烹饪工具而言也优势多多。

中国人比较习惯用各类锅具烹饪菜肴，例如炒锅、压力锅、煎锅、蒸锅、汤锅、电饭锅等，各自有各自的烹饪特色。不论是做色香味美的炒菜、质嫩爽口的炖肉，还是浓郁鲜香的汤品，都需要选对烹饪器具，并掌握关键的烹饪技巧，才能做起来得心应手。

烤箱不仅兼具多种烹饪特色，而且操作起来也很简单。不论您是想吃烤肉、炖肉，还是蒸鱼、焗虾，只要将材料与调料准备好，调对焗烤温度，就可以轻而易举地做出来了。不需要选择多种器具去完成一餐的烹制，也不需要多高的烹饪技巧就能满足您的口腹之欲。

利用电流热效应焗烤食物的烤箱，具有温度高、密封性能好的特点，所以用它来焗烤家常菜品，不仅比普通锅具要快得多，而且食物营养成分也不容易流失。

一道土豆烧鸡，在准备工作已做好的情况下，送入烤箱烤约15分钟后，就会酥香味美、芳香四溢，而一般的炒锅则需要花费至少30分钟，才能将鸡肉炖熟。尤其是在这分秒必争的社会中，大多数人因工作繁忙，没有足够的时间、精力在家做菜，而具有快速烹饪特性的烤箱，能帮助您解决这样的困扰，让您无须花费过多的时间、精力，在家也能美美地享受多种美味佳肴。

如今较流行的微波炉烹饪和高压锅烹饪，以快速方便为主要特点，但是相对同样能快速烹饪的烤箱而言，却存在一些不足之处。例如，放入微波炉加热的食物，不容易均匀受热，食物水分也易流失，因为微波炉加热时的热能是由内向外传递的；而高压锅也因其高压，对置于其中炖煮的食物营养破坏较大。

而烤箱加热时，其热能是由外向内传递，食物在一定的焗烤温度及焗烤时间下，能够均匀受热，食物内部的水分及营养成分也不容易流失，较符合现代人饮食养生的理念，不再只是享受食物的色、香、味，更能增强食物滋、养、补的功效。

然而大多数人对于烤箱烹饪方法很陌生，不论是用它来烹饪家常菜，还是烘烤面包、做点心，都望而却步，或者做出来的菜肴不论是外观还是口感，总感觉缺少点什么。

本书根据大众的需求与难点，汇集近300道广受欢迎的经典焗烤美食，从材料、调料的准备，到焗烤的每一个步骤，以及焗烤过程中的操作重点，均做出全面详细的介绍。不论是独具风味的焗烤肉、肉鲜味美的焗烤海鲜，还是酸甜可口的焗烤蔬菜、蛋类、水果，都能轻松掌握。

不论您是焗烤新手，还是有一定焗烤经验的人，对于烤箱使用注意事项，以及焗烤过程中遇到的种种难题，在本书中都能找到解答。例如烤箱为什么需要预热？烤箱预热可以使食物均衡受热；如何避免食物烤焦？可以在食物上包裹锡箔纸，或者不要让食物离上火太近；烘烤过程中如何避免烫伤？在开启或关闭烤箱门时，最好戴上隔热手套等，让您的焗烤美食做得更加美味。

若您的厨房里有一台烤箱，本书将会是您焗烤美食的最好搭档，肉类、海鲜类、蛋类、水果类、蔬菜类的焗烤食谱一应俱全，就好像焗烤大师在家亲自指导，让您做出的任何一种焗烤美食都能媲美餐馆大厨的手艺，从而让您以及您的家人得到由胃至心的享受。

Contents |目录

撖去油烟烦恼，
焗烤美味佳肴

PART 1
独具风味的焗烤肉

PART 2
肉鲜味美的焗烤海鲜

PART 3

酸甜可口的焗烤美食

单位换算	固体类 / 油脂类
	1大匙 = 15克
	1小匙 = 5克
	液体类
	1杯 = 240毫升
	1大匙 = 15毫升
	1小匙 = 5毫升

撇去油烟烦恼，焗烤美味佳肴

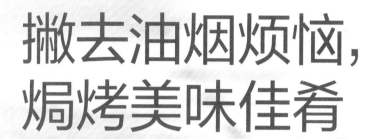

　　用烤箱做各式各样的家常菜，您有没有尝试过？烤箱一般是用来烤面包、甜点的，很少有人拿它来做菜，然而它的用途可不仅局限于此。将所需烹调的食材处理好后放入烤箱，利用烤箱热对流的原理使食材均匀受热，不用多久，一道香喷喷的焗烤美食就做出来了。不论是肉类、海鲜类、蛋类，还是蔬菜、豆腐、水果等，都能利用烤箱轻而易举地做出各种美味佳肴。

　　烤箱具有定时、预设火候的功能，所以用烤箱烹调食物，不需要有人待在一旁看着，食材烤至熟后它会自动跳转停止。再加上烤箱内的焗烤空间是封闭的，所以不论焗烤何种美食，都不会让您受到油烟的危害，是一种既实用又健康的烹饪工具。

用烤箱做出珍馔美味Q&A

烤箱需不需要提前预热呢？
需要预热多久呢？

焗烤之前，最好先将烤箱预热至所需的温度后，再放入食材。如果烤箱不经预热，食物放进烤箱后就不能立即受热，食物内的水分就容易流失，烤出来的口感就会变得干涩。通常，预热后所要达到的温度就是烘烤的温度，而预热温度则与时间成正比，也就是焗烤的温度越高，预热时间就越久，但时间也会因烤箱功率不同而有所不同，一般预热到200℃时需要10~15分钟。需要注意的是，如果烤箱预热时间过长，可能会降低烤箱的使用寿命。

食材要不要放在锡箔纸上呢？
锡箔纸上要不要抹油呢？

在烤盘上铺上锡箔纸，焗烤食物时产生的油脂就会粘附在锡箔纸上，食用完后直接丢掉锡箔纸即可，无须再花费时间清理烤盘。但是如果用锡箔纸包住整个食材，就会让易出水的食材流出较多水分，使得焗烤出来的菜肴产生汤汁，而缺乏了烤的美味。因此除非想要做成有汤汁、软烂的效果，否则只需垫上锡箔纸，而不要用锡箔纸包覆食材。在锡箔纸上抹油，可以避免食材表皮粘黏在锡箔纸上，尤其是焗烤鱼类的食材；不过本身带壳的食材或是水分较多的蔬菜，就不必抹油了。

如何判断食物是否烤熟?

在焗烤食物的过程中,其实并不适合经常打开烤箱门以观察食物的变化。烤箱门打开后就会损失热能,不仅回温需要时间,食物的口感也会受到影响。但有时的确需要打开烤箱门,以观察食物是否烤熟,或者刷上酱汁,因此,若打开烤箱门,就应该在取出食物后,立即关上,不要让门一直保持打开的状态。检查食物是否烤熟,可用筷子或竹签轻轻戳一下,如果能轻易戳入表示已经烤熟。

该选用哪一层烤架?

若使用小型烤箱焗烤食物,食物处理好后直接放进去就可以了。但中型烤箱通常会有上、中、下三层烤架可以选择,只要菜谱上没有特别注明上火、下火温度,大部分情况下都放在中层烤架;较厚的食物或是需要烤较久的食物则放在下层烤架。如果把食物放得位置过高,可能会因太靠近电热管而造成表面烧焦、内部却还未熟的情况。但是,如果是要让食物的表面烤至上色,那就等接近烤好时,再移到上层,但是要注意随时观察,以免烤焦。

食物烤出来有奇怪的味道怎么办?

烤箱是密闭的,每次烤完一道菜之后,烤箱内部都会残留食物的味道,时间长了,味道就会变得很奇怪。为了不让这些长期残留的异味影响食物的风味,积极去除异味是必要的。可以拿一些橘子皮放入烤箱烤3~5分钟,就可以去除烤箱内的异味;也可以将柠檬切半后放入烤箱一段时间,同样具有除味的作用,但是要记得如果不常用烤箱,柠檬隔一两天就要取出,以免发霉。

13

为美味加分的焗烤酱

奶油白酱

材料
奶油100克,低筋面粉90克,冷开水400毫升,
乳酪粉20克,动物性鲜奶油400克

调料
盐、白糖各7克

做法
① 取锅,放入奶油以小火加热至融化后,放
　入低筋面粉拌炒至糊化。
② 再慢慢倒入冷开水,将面糊煮开。
③ 最后加入动物性鲜奶油、盐、白糖和乳酪
　粉拌匀即可。

美味应用　　制作过程中也可加入少量乳酪丝,
更能增添白酱的风味和口感。

红酱

材料
橄榄油30毫升,罐装西红柿1000克,蒜末15克,
洋葱末100克,胡萝卜末50克,罗勒末6克

调料
盐10克,白糖20克,番茄酱30克

做法
① 将罐装西红柿取出、切丁,备用。
② 热锅,倒入橄榄油后,即可关火、待凉。
③ 再开火以冷油将蒜末炒出香味后,放入洋葱末和胡萝卜末炒至洋葱末变软,再加入番茄酱同
　炒增色。
④ 接着放入西红柿丁以小火煮软后,加入盐和白糖拌匀,最后加入罗勒末拌匀即可。

蛋黄甜酱

材料

蛋黄150克

调料

白糖100克，白酒50毫升

做法

将所有材料与调料放入容器中混合拌匀后，再以隔水加热的方式煮至呈浓稠状即可。

 美味应用 用此方法做出来的蛋黄甜酱酒味较重，不喜欢重酒味的人可以将白酒量减半，但不能不加，因为白酒可适当去除蛋腥味。

青酱

材料

罗勒70克，橄榄油100毫升，蒜15克，乳酪粉20克，烤核桃30克

调料

盐、白糖各10克

做法

❶ 罗勒洗净、沥干，和蒜一起放入果汁机内，以一打一停的散打方式将罗勒完全打碎，打的过程中慢慢加入橄榄油，且要边打边搅拌。

❷ 最后加入盐、白糖、乳酪粉和烤核桃搅打至细碎即可。

美味应用 制作青酱时，采用一打一停的散打方式是因为机器打太久后会产生热能，从而影响青酱的卖相。青酱的口味较重，所以用来调味时不必加太多，尤其是和面条或米饭搭配食用时，分量不宜过多。

茄汁肉酱

材料

牛肉馅、猪肉馅各300克，蒜末10克，
洋葱末、西芹碎各50克，胡萝卜末30克，
牛高汤2000毫升，橄榄油1大匙

调料

月桂叶1片，盐、胡椒粉各适量，
红酒1杯（约250毫升），
番茄糊1罐（约340克）

做法

❶ 取深锅，倒入橄榄油烧热后，放入蒜末以小火炒香，再放入洋葱末炒软，接着放入西芹碎及胡萝卜末炒软。

❷ 然后放入牛肉馅、猪肉馅炒至肉色变白后，放入月桂叶、红酒以大火煮沸，让酒精蒸发。

❸ 转小火，放入番茄糊、牛高汤，继续熬煮约30分钟至汤汁收至原分量的2/3时，加盐、胡椒粉调味即可。

咖喱酱

材料

奶油35克，蒜末10克，高汤1000毫升，
洋葱末、西芹碎各50克，去皮土豆1个，
苹果1个

调料

咖喱粉20克，月桂叶1片，盐适量，
郁金香粉、匈牙利红椒粉、豆蔻粉、胡荽粉各
5克，奶油白酱（做法见14页）2大匙

做法

❶ 将去皮土豆、苹果、奶油白酱、200毫升高汤放入果汁机中，搅打成泥状，备用。

❷ 取深锅，将5克奶油放入锅中以小火加热至融化后，放入蒜末一同炒香，再放入洋葱末炒软，最后放入西芹碎炒软。

❸ 接着将剩余调料（盐除外）及剩余奶油放入锅中以小火炒香后，倒入800毫升高汤续以小火熬煮10分钟。

❹ 然后将搅打成泥的材料倒入锅中煮约20分钟，期间用汤匙不断搅拌至汤汁收至原分量的2/3时，加盐调味即可。

PART 1

独具风味的焗烤肉

　　想要肉类烤至完全入味，可以先将肉腌渍过再放入烤箱烤至酱汁收干，如果是薄肉片，焗烤时间不可过长，否则烤出来的肉质会过于干硬，甚至变成肉干。在掌握好焗烤温度与时间之后，如何让烤出来的肉既鲜嫩又多汁，您可以从本章中找出答案。

客家咸猪肉

🍖 **材料**
猪五花肉250克，蒜苗片150克，蒜3瓣，
色拉油少许

🧂 **腌料**
盐50克，五香粉1大匙，白糖30克

🍳 **做法**
❶ 猪五花肉横切成薄片状；蒜切成碎末状。
❷ 将猪五花肉片放入容器中，再放入蒜末与
腌料拌匀，接着放入冰箱腌渍2天。
❸ 将腌好的猪五花肉片取出后以冷水冲净。取
烤盘，铺上锡箔纸，抹上少许油，再放入洗
净的猪五花肉片，接着放入已预热的烤箱中
（上火、下火皆为180℃），每隔3分钟将猪
五花肉片翻面一次，烤至油脂被逼出且熟透
后，取出切片，再搭配蒜苗片盛盘即可。

南乳叉烧

🍖 **材料**
梅花肉400克

🧂 **调料**
酱油2大匙，红腐乳1小块，白糖4大匙，
五香粉1/6小匙

🍳 **做法**
❶ 将所有调料拌匀成腌酱，备用。
❷ 将梅花肉切成厚约1厘米的肉条后，放入拌
匀的腌酱中腌渍2小时，备用。
❸ 将烤箱预热至上火、下火皆为250℃后，
将腌好的梅花肉条取出、平铺于烤盘上，
再将烤盘放入烤箱，烤约10分钟后取出翻
面，再次放入烤箱烤5分钟。
❹ 最后取出烤熟的肉条切小块即可（可另加
欧芹做装饰）。

蒜苗五香肉

材料
猪五花肉500克，蒜泥30克，蒜苗片150克

调料
盐、五香粉各1小匙，白糖2小匙，米酒2大匙，辣椒粉、黑胡椒粉各1/4小匙

做法
1. 将猪五花肉切成厚约1.5厘米的长条状；将蒜泥及所有调料拌匀成腌酱，备用。
2. 将猪五花肉条放入腌酱中拌匀、腌渍1天，备用。
3. 烤箱预热至上火、下火皆为200℃，将腌好的猪五花肉条取出、平铺于烤盘上，再将烤盘放入烤箱，烤约15分钟后，翻面再烤5分钟至肉条两面微焦香，即可取出与蒜苗片一起装盘。

蒜味松板肉

材料
松板肉片300克，洋葱泥、姜泥各5克，蒜泥20克

调料
酱油2大匙，米酒1大匙，白糖1大匙

做法
1. 将洋葱泥、姜泥、蒜泥及所有调料拌匀成腌酱，备用。
2. 将松板肉片放入腌酱中拌匀、腌渍约2小时，备用。
3. 烤箱预热至上火、下火皆为250℃，将腌好的松板肉片取出、平铺于烤盘上，再将烤盘放入烤箱，烤约5分钟后，翻面再烤约5分钟，取出切小片。

紫苏梅肉片

材料
紫苏梅5颗，猪里脊肉250克，芦笋段100克，红甜椒片30克

腌料
紫苏梅汤汁1大匙，酱油少许，白胡椒粉少许，香油1小匙

做法
1. 先将紫苏梅去核，再将梅肉切碎，备用。
2. 猪里脊肉切成块状后，用拍肉器略拍松，再放入混匀的腌料中腌渍约10分钟。
3. 取烤盘，铺上锡箔纸，放入梅肉碎、芦笋段、红甜椒片及腌好的猪里脊肉块。
4. 再将烤盘放入已预热至上火、下火皆为200℃的烤箱中烤约13分钟。
5. 最后将烤好的食物取出盛盘，将烤盘中的酱汁淋至猪里脊肉块上即可。

蒜香胡椒烧里脊

材料
猪里脊肉片200克

腌料
蒜末1/2小匙，黑胡椒粉、盐各1/4小匙

做法
1. 将猪里脊肉片切成片状，再加入所有腌料拌匀，腌渍约5分钟，备用。
2. 烤箱预热至上火、下火皆为150℃，将腌好的猪里脊肉片放入烤箱，烤约2分钟后取出即可（可另搭配生菜、欧芹及烤大蒜做装饰）。

美味应用
烤薄肉片的时间不能太长，避免肉质因流失过多水分而变得干硬。食用时，烤薄肉片搭配烤大蒜非常对味。

栗子鲜菇梅花肉

材料
蘑菇5朵，梅花肉块200克，熟栗子50克，
姜少许，红辣椒1/2个，上海青1棵

调料
蚝油、香油、米酒各1小匙，白糖1小匙

做法
1. 蘑菇洗净对切；姜洗净切丝；红辣椒洗净切片；熟栗子洗净，备用。
2. 取烤盘，铺上锡箔纸，放入梅花肉块，再放入蘑菇块、姜丝、红辣椒片、熟栗子和所有调料拌匀。
3. 接着将烤盘放入已预热至上火、下火皆为190℃的烤箱中烤约10分钟，每3分钟将所有材料翻面一次。
4. 最后将烤好的食物盛盘，搭配烫熟的上海青做装饰即可。

鲜菇七味猪肉

材料
猪瘦肉250克，蘑菇2朵，鲜香菇3朵，
洋葱80克，毛豆仁1大匙

调料
日式七味粉1小匙，盐少许

做法
1. 将猪瘦肉以肉槌略拍松；毛豆仁洗净；蘑菇、鲜香菇、洋葱均洗净切成碎状，与洗净的毛豆仁一起放入锅中炒香，备用。
2. 取烤盘，铺上锡箔纸，用上一步炒香的材料铺底，再放入拍松的猪瘦肉，然后撒入日式七味粉和盐。
3. 接着将烤盘放入已预热至上火、下火皆为200℃的烤箱中烤约20分钟。
4. 将烤熟的猪瘦肉取出切片、盛盘，再搭配烤熟的其余材料即可。

杏鲍菇霜降肉

材料
霜降猪肉、杏鲍菇各300克，上海青2棵，
小西红柿2个，色拉油少许

调料
新鲜百里香适量，橄榄油1小匙，
盐、黑胡椒各少许

做法
1. 霜降猪肉、杏鲍菇均洗净切块；小西红柿
   洗净对半切；新鲜百里香切碎，备用。
2. 上海青放入沸水中氽烫过水后捞起。
3. 取烤盘，铺上锡箔纸，抹上少许色拉油，
   依序放入霜降猪肉块、杏鲍菇块、小西红
   柿块，再放入所有调料。
4. 然后将烤盘放入已预热至上火、下火皆为
   190℃的烤箱中烤约15分钟。
5. 最后将烤熟的食物盛盘，再摆入烫熟的上
   海青做装饰即可。

黑胡椒红薯猪柳

材料
猪五花肉250克，红薯1个（约200克），
洋葱120克，蒜2瓣，红甜椒1/3个，色拉油少许

调料
黑胡椒、西式综合香料各1小匙，盐少许，
橄榄油1大匙，奶油1大匙

做法
1. 先将所有调料放入容器中，再搅拌均匀，
   备用。将猪五花肉洗净切成粗条状；红薯
   去皮后切成粗条状；洋葱洗净切条；红甜
   椒洗净切条，备用。
2. 将猪五花肉条、红薯条、洋葱条、红甜椒
   条、蒜放入拌有调料的容器中搅拌均匀后，
   再全部倒入抹有少许色拉油的锡箔纸上，然
   后放入烤盘中。
3. 接着将烤盘放入已预热至上火、下火皆为
   180℃的烤箱中烤约15分钟，每隔3分钟将
   所有材料翻面一次，烤好后盛盘即可。

姜汁肉排

材料
梅花肉300克，姜50克，蒜泥10克

调料
鲣鱼酱油3大匙，米酒1大匙，白糖2小匙

做法
1. 先将梅花肉切成厚约0.5厘米的片状，再用刀切断筋膜，以避免其烹饪过程中收缩变形；姜磨成泥后挤出姜汁，残渣丢弃不用。
2. 将姜汁、蒜泥及所有调料拌匀成腌酱，再将处理好的梅花肉片放入拌匀、腌渍约1小时，备用。
3. 烤箱预热至上火、下火皆为250℃，将腌好的梅花肉片取出、平铺于烤盘上，再将烤盘放入烤箱，烤约5分钟后，翻面再烤约5分钟，最后取出装盘即可。

韩式肉片

材料
梅花肉片280克，洋葱120克，蒜3瓣，
红辣椒1个，生菜叶50克，蒜泥1小匙，色拉油少许

调料
韩式辣椒酱1大匙，红辣椒粉、白糖各1小匙，
香油、温开水各1大匙

做法
1. 将蒜泥与所有调料放入容器中搅拌均匀，再将梅花肉片放入抓匀，备用。
2. 洋葱洗净切丝；蒜与红辣椒均洗净切片，备用。
3. 取烤盘，铺上锡箔纸，抹上少许色拉油，放入洋葱丝、蒜片、红辣椒片铺底，再放入抓匀后的梅花肉片。
4. 接着将烤盘放入已预热至上火、下火皆为200℃的烤箱中烤约10分钟。
5. 取盘，以生菜叶铺底，最后将烤熟的食物盛入即可。

花生酱猪五花

材料
猪五花肉30克，葱段20克

调料
花生酱1大匙

做法
1. 将猪五花肉去皮后，切成方块状，备用。
2. 再将猪五花肉块用竹签串起，备用。
3. 烤箱预热至上火、下火皆为150℃，将做好的猪五花肉串放入烤箱，烤约10分钟至熟后取出。
4. 将烤熟的猪五花肉串均匀涂上花生酱，再次放入烤箱烤约2分钟后取出。
5. 最后串上葱段食用即可。

桂花酱肉片

材料
梅花肉片250克，黄色西葫芦约200克，葱20克，色拉油少许

调料
桂花蜂蜜1小匙，白芝麻1小匙，酱油少许，温开水1大匙

做法
1. 黄色西葫芦洗净切片；葱洗净切段，备用。
2. 取烤盘，铺上锡箔纸，抹上少许色拉油，放入梅花肉片，再放入黄色西葫芦片、葱段和所有调料拌匀。
3. 接着将烤盘放入已预热至上火、下火皆为180℃的烤箱中烤约10分钟，期间每3分钟将食材翻面一次，蔬菜若烤软可先取出。
4. 最后将烤好的梅花肉片盛盘，再搭配烤好的蔬菜即可。

沙茶猪排

材料
梅花肉400克，蒜泥20克

调料
酱油2大匙，沙茶酱2大匙，白糖2小匙，
五香粉1/6小匙

做法
1. 将梅花肉切成厚约0.5厘米的片状，再用刀切断筋膜，以避免其烹饪过程中收缩变形。
2. 将蒜泥及所有调料拌匀成腌酱，再将处理好的梅花肉片放入腌酱中拌匀、腌渍2小时，备用。
3. 烤箱预热至上火、下火皆为250℃，将腌好的梅花肉片取出平铺于烤盘上，再将烤盘放入烤箱，烤约5分钟后将肉片翻面再烤约5分钟。
4. 最后取出即可食用。

茄汁猪排

材料
猪小排300克，小西红柿5个，毛豆仁1大匙，
色拉油少许

调料
番茄酱1大匙，蜂蜜1小匙，辣酱油1小匙，
盐、黑胡椒各少许

做法
1. 猪小排洗净后，用拍肉器略拍松，再加入所有调料拌匀、稍腌渍，备用。
2. 小西红柿洗净对切；毛豆仁洗净，备用。
3. 取烤盘，铺上锡箔纸，抹上少许色拉油，放入腌好的猪小排和小西红柿、毛豆仁。
4. 再将烤盘放入已预热至上火、下火皆为190℃的烤箱中烤约10分钟，期间每3分钟将食材翻面一次。
5. 最后将烤好的猪小排和蔬菜盛盘即可。

苹果猪排

材料
猪里脊肉450克，苹果1个，红薯1/2个，
新鲜百里香适量，色拉油少许

腌料
蜂蜜、橄榄油各1小匙，
盐、黑胡椒、肉桂粉各少许

做法
1. 先将猪里脊肉以肉槌略拍松，再放入所有
   腌料拌匀、腌渍约10分钟，备用。
2. 苹果去皮后切片；红薯去皮后切成圆片状。
3. 取烤盘，铺上锡箔纸，抹上少许色拉油，再
   放入腌好的猪里脊肉、苹果片、红薯片。
4. 接着将烤盘放入已预热至上火、下火皆为
   190℃的烤箱中烤约10分钟，期间每3分钟
   将材料翻面一次。
5. 最后将烤好的食物盛盘，再摆上新鲜百里
   香做装饰即可。

柠檬肉排

材料
梅花肉400克，姜泥20克，柠檬皮屑少许，
红辣椒末5克，柠檬汁1大匙

调料
盐1/2小匙，白糖2大匙

做法
1. 将梅花肉切成厚约0.5厘米的片状，再用刀
   切断筋膜，以避免其烹饪过程中收缩变形。
2. 将柠檬皮屑、柠檬汁、姜泥、红辣椒末及
   所有调料拌匀成腌酱，再将处理好的梅花
   肉片放入腌酱中拌匀、腌渍1小时，备用。
3. 烤箱预热至上火、下火皆为250℃，将腌好
   的梅花肉片平铺于烤盘上，再将烤盘放入
   烤箱，烤约5分钟后翻面，再烤约5分钟。
4. 最后取出烤熟的肉片装盘即可。

烤猪排

材料
猪排2片，蒜末5克，欧芹末少许

腌料
酱油、米酒各1大匙，七味粉、白胡椒粉各少许，盐1小匙，白糖1大匙

做法
1. 猪排洗净后擦干，再以肉槌略拍松，备用。
2. 将所有腌料拌匀成腌汁，再将处理好的猪排、蒜末放入腌汁中腌30分钟，备用。
3. 将腌好的猪排取出，放入已经预热的烤箱中以200℃烤约10分钟。
4. 再翻面刷上腌汁、撒上欧芹末，以200℃续烤约5分钟即可。

西红柿乳酪猪排

材料
猪里脊肉片3片，鸡蛋1/2个，面粉1小匙，乳酪丝 50克

调料
红酱（做法见14页）2大匙，色拉油适量

做法
1. 鸡蛋打散、搅匀成蛋液，备用。
2. 将猪里脊肉片依序沾裹上蛋液、面粉后，放入平底锅中用油煎熟。
3. 将煎熟的肉片取出，放入烤盘中，再淋上红酱、撒入乳酪丝。
4. 接着将烤盘放入已预热的烤箱中，以上火、下火皆为150℃烤约5分钟至表面的乳酪丝融化、上色后，即可取出。

猪排佐苹果菠萝酱

🍖 材料

猪里脊肉	600克
苹果	1个
糖水菠萝（罐头）	1罐
奶油	20克

🧂 腌料

盐	1小匙
黑胡椒粉	1小匙
橄榄油	少许

🧂 调料

肉桂粉	1/2小匙
豆蔻粉	1/2小匙
盐	少许

🍳 做法

1. 猪里脊肉去除筋膜后，用拌匀的腌料抹匀，再放置烤盘上腌20分钟，备用。
2. 苹果去皮、去籽，与罐头菠萝肉（罐头中的糖水先另置保留）一起搅打成果泥，备用。
3. 取锅，放入奶油以微火加热融化后，再放入果泥、罐头糖水、肉桂粉、豆蔻粉煮至浓稠，最后加盐调味，即成酱料，备用。
4. 将腌好的猪里脊肉放入已预热的烤箱中，以200℃烤25分钟。
5. 将烤好的猪里脊肉取出切片、装盘，再放入适量腌料于盘中，以方便食用时蘸取。

蒜辣莎莎猪排

材料

猪里脊肉180克，蒜末、红辣椒碎各1大匙，
面包粉、罗勒末、乳酪粉、蒜片各适量，
色拉油适量

调料

胡椒粉1小匙，莎莎酱3大匙

做法

❶ 取锅加色拉油烧热后，放入猪里脊肉煎至
六成熟，再取出切薄片，并放入烤盘中，
备用。

❷ 原锅放入蒜末和红辣椒碎爆香，再放入胡
椒粉和莎莎酱翻炒均匀后，淋在煎好的猪
里脊肉片上。

❸ 再于肉片上撒上面包粉、罗勒末和乳酪粉。

❹ 然后将烤盘放入已预热的烤箱中，以上火
250℃、下火100℃烤5~10分钟，烤至肉
片表面略上色后取出。

❺ 最后放上蒜片即可。

佛罗伦萨猪排

材料

猪里脊肉排5片，乳酪丝30克，面粉1/2大匙，
油适量

调料

意大利番茄酱40克

做法

❶ 将猪里脊肉排加入面粉拌匀后，放入热油
中以小火煎至八成熟，再取出盛入烤盘，
备用。

❷ 接着将意大利番茄酱淋在煎熟的猪排上，
再摆上乳酪丝。

❸ 最后将烤盘放入已预热的烤箱中，以上火
250℃、下火150℃烤约2分钟，烤至猪排
表面呈金黄色后，即可取出切块装盘。

五香排骨

材料

猪小排300克，蘑菇5朵，红辣椒1个，蒜2瓣

腌料

五香粉、白糖各1小匙，酱油、米酒各1大匙，香油1小匙，白胡椒粉少许

做法

1. 先将猪小排洗净，再放入混匀的腌料中抓匀、腌渍约15分钟，备用。
2. 蘑菇洗净去蒂；红辣椒与蒜均洗净切片，备用。
3. 取烤盘，铺上锡箔纸，放入腌好的猪小排与蘑菇、红辣椒片、蒜片。
4. 再将烤盘放入已预热至上火、下火皆为180℃的烤箱中，烤约30分钟即可。

蜜汁排骨

材料

猪小排500克，蒜末30克，姜末20克

调料

酱油1小匙，五香粉1/4小匙，白糖1大匙，豆瓣酱1/2大匙，麦芽糖30克，水30毫升

做法

1. 将猪小排剁成长约5厘米的段状后，再以冷水洗净、沥干；将蒜末、姜末及酱油、五香粉、白糖、豆瓣酱混合拌匀后，均匀涂抹在猪小排段上腌渍20分钟，备用。
2. 将麦芽糖及水一同煮溶成蜜汁，备用。
3. 烤箱预热至200℃，取腌好的猪小排段平铺于烤盘上，再将烤盘放入烤箱烤约20分钟。
4. 最后取出烤好的猪小排段，刷上蜜汁即可。

菠萝排骨

材料
猪排骨300克，菠萝200克，姜泥30克

调料
辣椒酱1大匙，姜黄粉1小匙，白糖2小匙，
盐1/6小匙，米酒2大匙

做法
1. 猪排骨洗净后剁小块；菠萝去皮切小块，备用。
2. 将所有调料与菠萝块、姜泥拌匀成腌酱，备用。
3. 将猪排骨块放入腌酱中腌渍3小时，备用。
4. 取1张锡箔纸，放入腌好的猪排骨块和所有腌酱包好，备用。
5. 烤箱预热至上火、下火皆为220℃，将包好锡箔纸的猪排骨放入烤箱中，烤约30分钟后取出，打开锡箔纸装盘即可。

腐乳酱烤排骨

材料
猪排骨600克，蒜泥20克

调料
辣腐乳1小块，腐乳汁、绍兴酒各2大匙，
白糖1大匙，五香粉1/6小匙

做法
1. 将所有调料与蒜泥拌匀成腌酱，备用。
2. 将猪排骨剁成长约5厘米的段状后，放入腌酱中腌3小时，备用。
3. 烤箱预热至上火、下火皆为200℃。
4. 将腌好的猪排骨段平铺于烤盘上，再将烤盘放入已预热的烤箱，烤约20分钟后翻面，再烤10分钟至两面微焦香后，取出装盘即可。

美式烤猪排

🍖 材料
猪小排	500克
蒜	30克
洋葱	20克
苹果	20克
水	3大匙

🧂 腌料
盐	1/4小匙
白糖	1/4小匙
粗黑胡椒粉	1/2小匙
百里香粉	1/4小匙

🍯 调料
番茄酱	2大匙
蜂蜜	1大匙

🍳 做法
1. 将猪小排剁成长约5厘米的段状后洗净、沥干。
2. 将所有腌料混合拌匀，再均匀涂抹于洗净的猪小排段上腌渍20分钟，备用。
3. 将所有调料及蒜、洋葱、苹果、水放入果汁机中，一同搅打成泥，制成烤肉酱，备用。
4. 烤箱预热至200℃，取腌好的猪小排段平铺于烤盘上，再将烤盘放入烤箱烤约10分钟。
5. 取出猪小排段，均匀涂上烤肉酱后，再放入烤箱烤约5分钟。
6. 再次取出刷上烤肉酱，续烤约5分钟即可。

蒜香胡椒猪排

材料
猪排450克，面包粉1小匙，乳酪丝1大匙

调料
蒜香黑胡椒酱（做法见107页）2大匙

做法
1. 将猪排洗净，加入蒜香黑胡椒酱腌约20分钟，备用。
2. 将腌好的猪排放入已预热的烤箱中，以上火、下火皆为150℃烤约30分钟后取出。
3. 于烤熟的猪排上撒上乳酪丝和面包粉后，再次放入已预热的烤箱中，以上火250℃、下火100℃烤约5分钟，烤至乳酪丝融化、呈金黄色即可。

香烤猪肘子

材料
猪肘子1个（约500克）

调料
黄芥末酱、酸黄瓜酱各1大匙

做法
1. 猪肘子拔完毛后洗净，备用。
2. 烤箱预热至200℃后，放入洗净的猪肘子烤约20分钟。
3. 取出翻面后，再次放入烤箱烤约20分钟，烤至猪肘子表面金黄熟透后，取出盛盘。
4. 食用时搭配黄芥末酱及酸黄瓜酱即可（可另用烤四季豆做装饰）。

美味应用　猪肘子脂肪含量高，烤出来皮香肉嫩，吃起来很有嚼劲。

芋香后腿肉

📋 材料

猪后腿肉500克，芋头1个，黄甜椒1/3个，
葱段20克，姜碎1小匙，色拉油少许

📋 调料

盐、黑胡椒各少许，橄榄油1大匙

📋 做法

1. 将所有调料混合拌匀后，放入猪后腿肉拌
   匀、腌渍10分钟，备用。

2. 芋头去皮后切小块；黄甜椒洗净切块。

3. 取烤盘，铺上锡箔纸，抹上少许色拉油，
   再放入腌好的猪后腿肉、芋头块、黄甜椒
   块、葱段、姜碎及所有调料。

4. 接着将烤盘放入已预热至上火、下火皆为
   180℃的烤箱中烤约20分钟，期间每3分钟
   将食材翻面一次，蔬菜若烤软可先取出。

5. 将烤好的猪后腿肉和蔬菜取出盛盘，食用
   时切片即可。

荷香莲子排骨

📋 材料

猪排骨350克，荷叶1片，莲子、竹笋各50克，
红甜椒1/2个，蒜末1小匙，葱花少许

📋 调料

五香粉1小匙，酱油、香油各1小匙，米酒1大匙

📋 做法

1. 先将蒜末及所有调料放入容器中，再搅拌
   均匀成腌酱，备用。

2. 猪排骨洗净、切小块，放入腌酱中抓匀、
   腌渍约10分钟，备用。

3. 荷叶洗净，泡冷水至软；莲子泡软；竹笋
   洗净切片；红甜椒洗净切块，备用。

4. 将泡软的荷叶摊开，放入腌好的猪排骨块
   及泡软的莲子、竹笋片、红甜椒块。

5. 再放入已预热至上火、下火皆为190℃的烤
   箱中，烤约20分钟后取出盛盘，撒上葱花
   即可。

葱香猪肉卷

材料
猪五花肉300克，葱30克，小西红柿5个

调料
孜然粉、白胡椒粉、盐各少许，
香油、酱油各1小匙

做法
1. 将猪五花肉横切成薄片状；葱洗净切成约8厘米长的段状；所有调料混合拌匀，备用。
2. 取一片猪五花肉片摊开，均匀撒入拌匀的调料，摆入葱段，再将猪五花肉片轻轻卷起，最后用牙签固定，重复上述步骤直至材料用尽。
3. 将固定好的猪肉卷放入已预热的烤箱中，以上火、下火皆为200℃烤约10分钟，期间每3分钟翻面一次。
4. 将烤好的猪肉卷取出盛盘，最后放入小西红柿做装饰即可。

葱卷肉排

材料
猪里脊肉排6片，葱段60克，面糊适量

腌料
酱油、蚝油、米酒、香油各1大匙，白糖1大匙

做法
1. 将猪里脊肉排洗净、沥干，再以肉槌拍打数下，备用。
2. 将全部腌料混合拌匀后，放入处理好的猪里脊肉排腌约15分钟，备用。
3. 取1片腌好的猪里脊肉排，放入适量葱段卷起后，再用少许面糊抹在缺口处固定，重复上述步骤直至材料用完。
4. 将做好的肉卷放入已预热的烤箱中，以200℃烤约8分钟。
5. 取出翻面后续烤5分钟即可。

蔬菜肉串

材料
猪里脊肉块9块（约50克），青椒块3块，
小西红柿3个，白果3颗

腌料
盐、黑胡椒各少许，奶油、乳酪丝各20克

调料
盐、白胡椒粉各少许，水200毫升，
香油、酱油各1小匙，鸡精1小匙

做法
① 将猪里脊肉块加入所有腌料拌匀、腌渍约
   10分钟，备用。
② 取1支竹签，依序串上腌好的猪里脊肉块、
   青椒块、猪里脊肉块、小西红柿、猪里脊
   肉块、白果，按照此步骤串好3串。
③ 烤箱预热至200℃后，放入做好的肉串烤约
   5分钟至熟后取出即可。

紫苏梅芦笋肉卷

材料
猪里脊肉片2片，海苔片2片，芦笋约100克，
紫苏梅20克

调料
七味粉1/4小匙

做法
① 将猪里脊肉片切断筋膜；芦笋削去底部粗
   皮后，洗净切成段状，备用。
② 紫苏梅去籽后，剁成泥状，备用。
③ 取1片猪里脊肉片，抹上紫苏梅泥，铺上1
   片海苔片，再放上适量芦笋段后卷起，最
   后于肉卷表面撒上七味粉，按照上述步骤
   做好2个肉卷，备用。
④ 烤箱预热至180℃后，放入做好的肉卷烤约
   5分钟至熟后取出，再切成适当大小的小段
   状，即可食用。

蒜香黑胡椒汉堡肉

材料
猪肉馅200克，洋葱末30克，面包粉50克，乳酪丝80克，色拉油少许

调料
综合香料1/2大匙，盐1/4小匙，蒜香黑胡椒酱（做法见107页）2大匙

做法
1. 将猪肉馅、洋葱末、综合香料、盐和面包粉混合拌匀，做成2个圆形肉饼，备用。
2. 取平底锅，加入少许油烧热后，放入做好的肉饼以小火煎熟，再取出盛入烤盘。
3. 然后将蒜香黑胡椒酱淋在煎熟的肉饼上。
4. 接着撒上乳酪丝，再将烤盘放入已预热的烤箱中，以上火250℃、下火150℃烤约10分钟至乳酪丝融化成金黄色后，取出盛盘即可。

奶香焗烤汉堡肉

材料
猪肉馅200克，洋葱末30克，面包粉50克，乳酪丝80克，欧芹末少许，色拉油适量

调料
意大利综合香料1/2大匙，盐1/4小匙，鲜奶油50克

做法
1. 将猪肉馅、洋葱末、面包粉与所有调料混合后用手抓匀，捏成数个小圆饼，备用。
2. 热锅加油，放入圆饼以中火煎约3分钟至熟后起锅，盛入烤盘中，再放上乳酪丝。
3. 接着将烤盘放入已预热的烤箱中，以上火250℃、下火150℃烤约2分钟至乳酪丝融化、上色后，取出撒上欧芹末即可。

焗烤红酒肉丸

🥘 材料
牛肉馅	300克
猪肉馅	300克
洋葱末	50克
胡萝卜末	50克
面包粉	20克
鸡蛋	1个
面粉	适量
橄榄油	1大匙
红酒	250毫升
乳酪丝	100克

🧂 调料
红酱	10大匙
（做法见14页）	
盐	1小匙

📋 做法
① 取一深盆，放入牛肉馅、猪肉馅，再放入1小匙盐搅拌至黏稠后，加入洋葱末、胡萝卜末、面包粉及打散的鸡蛋液，一起搅拌均匀，备用。

② 手先沾上少许面粉，再将拌匀的肉馅捏成10颗肉丸，备用。

③ 取平底锅，放入橄榄油烧热后，放入肉丸以小火煎至金黄。

④ 再倒入红酒，续以小火炖煮约10分钟，直至汤汁收干后即可熄火，淋上红酱。

⑤ 接着盛入烤盘中，再撒上乳酪丝，即为焗烤红酒肉丸半成品。

⑥ 烤箱预热至180℃，将焗烤红酒肉丸半成品放入烤箱中，烤10～15分钟至乳酪丝融化、上色后即可。

甜椒肉饼

🥗 **材料**

猪肉馅300克，洋葱末20克，葱花15克，姜末10克，甜椒末50克，色拉油少许

🧂 **调料**

盐1/2小匙，白糖、淀粉各1大匙，米酒1大匙，黑胡椒粉1/6小匙，泰式甜鸡酱3大匙

📋 **做法**

❶ 将猪肉馅放入钢盆中，加入盐搅拌至有黏性后，加入甜椒末、洋葱末、葱花及姜末拌匀，再加入白糖、黑胡椒粉、米酒及淀粉搅拌均匀，接着做成8个圆饼，备用。

❷ 取烤盘，抹上少许油，放入肉饼。

❸ 烤箱预热至上火、下火皆为220℃后，将烤盘放入烤箱，烤约10分钟后取出，涂上泰式甜鸡酱后再烤5分钟。

❹ 然后取出翻面再涂上泰式甜鸡酱，续烤10分钟至两面微焦香后，取出装盘。

香菇镶肉

🥗 **材料**

新鲜香菇3朵，猪肉馅100克，乳酪丝少许，乳酪片、迷迭香叶各适量

🧂 **调料**

盐、白糖各3克，胡椒粉2克，红酱（做法见14页）少许，白酒适量

📋 **做法**

❶ 猪肉馅和所有调料（红酱除外）混合拌匀后，摔打至有黏性，备用。

❷ 取洗净的香菇，先在香菇内面撒上乳酪丝，再填入适量肉馅，重复上述步骤至香菇用完；再将镶有肉馅的香菇放入烤盘中，接着将烤盘放入电饭锅内锅中蒸约6分钟（外锅加入1/2杯水）至肉馅半熟。

❸ 取出烤盘，于肉馅上放入乳酪片和迷迭香叶，再放入已预热的烤箱中，以上火250℃、下火100℃烤5~10分钟至乳酪片融化、上色。

❹ 取盘，铺上红酱，放入烤好的香菇镶肉。

起酥黄金盒

🍲 材料

梅花肉片	130克
蒜	2瓣
蟹味菇	100克
红辣椒	1/2个
洋葱	120克
起酥皮	5片
鸡蛋	1个
色拉油	适量

🧂 调料

沙茶酱	1小匙
盐	少许
白胡椒粉	少许
温开水	适量

🍳 做法

1. 梅花肉片、蒜、红辣椒均洗净切末；蟹味菇去蒂后洗净；洋葱洗净切丝；鸡蛋打散后搅拌均匀，备用。

2. 取炒锅，倒入适量色拉油烧热后，放入梅花肉末、蒜末、红辣椒末、蟹味菇、洋葱丝以中火爆香，再放入所有调料炒匀后熄火、冷却，即成馅料。

3. 将起酥皮用擀面杖擀平后，放入适量馅料，再将起酥皮四角对折包起，最后于表面均匀刷上蛋液，即成蔬菜盒，重复上述步骤直至材料用完。

4. 取烤盘，铺上锡箔纸，抹上少许油，再放入蔬菜盒（封口朝下），接着将烤盘放入已预热至上火、下火皆为200℃的烤箱中烤约10分钟，期间每3分钟将蔬菜盒翻面一次，烤至蔬菜盒均匀上色即可。

椒麻鸡

材料

鸡腿2只（约500克），葱花30克，蒜泥20克

调料

酱油、米酒各1大匙，白糖1大匙，
盐、辣椒粉、花椒粉各1/2小匙

做法

1. 鸡腿洗净后剁小块，备用。
2. 将洗净的鸡腿块放入盘中，再于盘中放入蒜泥及所有调料拌匀、腌渍30分钟。
3. 烤箱预热至上火、下火皆为250℃，将腌好的鸡腿块取出，放入烤盘中铺平，再将烤盘送入烤箱烤约25分钟。
4. 最后取出，撒上葱花后拌匀，装盘即可。

土豆鸡腿

材料

鸡腿2只（约500克），土豆1个，
胡萝卜1/3根，洋葱120克

调料

奶油1大匙，水150毫升，盐、黑胡椒各少许，
月桂叶1片

做法

1. 鸡腿洗净，中间划一刀后，放入沸水中汆烫过水，备用。
2. 土豆与胡萝卜去皮后，切成滚刀块状；洋葱洗净切块，备用。
3. 取烤皿，放入汆烫后的鸡腿、土豆块、胡萝卜块、洋葱块及所有调料。
4. 再将烤皿放入已预热至上火、下火皆为190℃的烤箱中，烤约15分钟即可。

茄香鸡肉

材料
去骨鸡腿排1片（约200克），茄子1个，
小西红柿5个，豌豆苗少许

调料
番茄酱1大匙，白糖1小匙，米酒1大匙，
盐、黑胡椒各少许，水适量

做法
1. 先将所有调料放入容器中，再搅拌均匀，
   备用。
2. 将去骨鸡腿排切成块状后，放入沸水中汆
   烫过水，备用。
3. 茄子洗净切块；小西红柿洗净对切，备用。
4. 将汆烫后的鸡腿块放入烤皿中，再放入茄
   子块、小西红柿块及拌匀后的调料。
5. 接着将烤皿放入已预热至上火、下火皆为
   190℃的烤箱中，烤约13分钟后取出，最
   后摆入豌豆苗做装饰即可。

照烧鸡腿

材料
去骨鸡腿1只（约200克），熟白芝麻1/4小匙

腌料
照烧酱2大匙

做法
1. 去骨鸡腿加入照烧酱拌匀、腌渍约10分
   钟，备用。
2. 烤箱预热至上火、下火皆为180℃，将腌好
   的去骨鸡腿放入烤盘中，再将烤盘放入烤
   箱，烤约10分钟至表面金黄熟透后取出。
3. 再趁热撒上熟白芝麻，最后切块盛盘，即可
   食用（可另搭配生菜叶及西红柿做装饰）。

美味应用　照烧酱
将日式酱油2大匙、味醂3大匙、白
糖1/2大匙、柴鱼粉1/2小匙混合拌匀，
即为照烧酱。

腐乳鸡腿

材料
去骨鸡腿排2片（约400克），蘑菇3朵，
红甜椒1/3个，葱10克

腌料
豆腐乳1块，酱油、香油各1小匙，白糖1小匙，
米酒1大匙

做法
1. 先将去骨鸡腿排切成小块状，再放入混匀
   的腌料中拌匀、腌渍约15分钟，备用。
2. 蘑菇去蒂洗净后划十字；红甜椒洗净切块；
   葱洗净切段，备用。
3. 取烤盘，铺上锡箔纸，再放入腌好的鸡块，
   接着依序放入蘑菇、红甜椒块。
4. 然后将烤盘放入已预热至上火、下火皆为
   180℃的烤箱中，烤约15分钟至鸡肉熟软。
5. 取出盛盘后，放入葱段做装饰即可。

奶香白酒鸡

材料
鸡腿2只（约500克），蒜3瓣，
红甜椒、黄甜椒各1/3个，豌豆苗少许

腌料
白酒100毫升，盐、黑胡椒粉各少许，奶油50
克，鸡精1小匙，水150毫升

做法
1. 将所有腌料放入锅中，以小火加热至奶油
   融化后取出，备用。
2. 鸡腿切成大块状，放入沸水中汆烫过水后，
   加入煮熟的腌料中拌匀、腌渍约15分钟。
3. 蒜去蒂；红甜椒、黄甜椒均洗净切片，备用。
4. 取烤盘，铺上锡箔纸，放入腌好的鸡腿块
   及蒜、红甜椒片、黄甜椒片。
5. 再将烤盘放入已预热至上火、下火皆为
   190℃的烤箱中烤约15分钟，期间每3分钟
   将鸡腿块翻面一次，待鸡腿块烤熟后，取
   出盛盘，最后加入豌豆苗做装饰即可。

洋葱纸包鸡

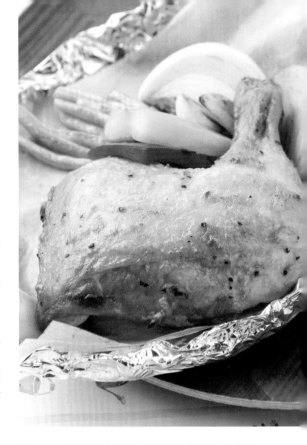

材料
鸡腿1只（约200克），洋葱120克，四季豆10个，
黄甜椒、红甜椒各1/3个，蒜3瓣

调料
黄芥末1小匙，香油1小匙，盐、黑胡椒粉各少许

做法

1. 将所有调料混匀，备用。
2. 鸡腿洗净，放入沸水中汆烫过水后，均匀抹上混匀的调料，备用。
3. 洋葱洗净切大片；蒜洗净切片；四季豆洗净；黄甜椒、红甜椒均洗净切块，备用。
4. 取1张烘焙纸，放入拌有调料的鸡腿，再加入洋葱片、蒜片、四季豆、黄甜椒块、红甜椒块，最后轻轻包起。
5. 将包好烘焙纸的鸡腿放入烤盘中，再将烤盘放入已预热至上火、下火皆为190℃的烤箱中烤约15分钟即可。

香葱鸡腿

材料
鸡腿2只（约400克），葱段80克，
红葱头40克，洋葱50克，色拉油2大匙

调料
盐1/2小匙，白糖1小匙，米酒2大匙，
白胡椒粉1/4小匙

做法

1. 鸡腿洗净，用刀沿着骨头划出有鸡腿一半深的刀痕；红葱头洗净切片；洋葱洗净切丝。
2. 将处理好的鸡腿放入容器中，再加入所有调料抓匀、腌渍2小时，备用。
3. 热锅，倒入2大匙色拉油，再放入葱段、红葱头片及洋葱丝，炒至微焦香后取出，备用。
4. 取1张锡箔纸铺平，放入腌好的鸡腿，再铺上炒香的材料，最后包起锡箔纸。
5. 烤箱预热至上火、下火皆为250℃，将锡箔纸放置烤盘上，再将烤盘送入烤箱，烤约25分钟后取出，打开锡箔纸装盘即可。

椰奶辣酱鸡

材料

鸡腿300克，菠萝100克，姜泥20克，红甜椒片、黄甜椒片、青椒片各40克

调料

辣椒酱、白糖各2小匙，椰奶50毫升，盐1/6小匙

做法

① 鸡腿洗净后剁小块；菠萝切小块，备用。

② 将所有调料与菠萝块、姜泥拌匀成腌酱，备用。

③ 将鸡腿块放入腌酱中腌约3小时，备用。

④ 取1张锡箔纸，将腌好的鸡腿块及红甜椒片、黄甜椒片、青椒片放入包好。

⑤ 烤箱预热至上火、下火皆为220℃，将包好锡箔纸的鸡腿送入烤箱，烤约30分钟后取出，打开锡箔纸装盘即可。

柠香椰奶鸡

材料

鸡腿1只（约200克），土豆1个，菠萝罐头1罐，柠檬片少许

调料

椰奶200毫升，水50毫升，柠檬汁1小匙，月桂叶1片，白糖1小匙，盐、白胡椒粉各少许

做法

① 将鸡腿中间划刀后洗净，备用。

② 土豆去皮后切小块；罐头菠萝取出沥干后切小块，备用。

③ 将洗净的鸡腿放入烤皿中，再加入土豆块、菠萝块与所有调料，然后将烤皿放入已预热至上火、下火皆为190℃的烤箱中烤约20分钟。

④ 在烤的过程中，每5分钟将鸡腿翻面一次，蔬菜若烤软可先取出。

⑤ 将烤好的鸡腿取出盛盘，再搭配烤好的蔬菜，最后放入柠檬片做装饰即可。

蜜汁鸡腿

材料
鸡腿2只（约500克），蒜泥20克，洋葱粉1小匙

调料
盐、白胡椒粉各1/4小匙，酱油1大匙，
白糖2大匙，米酒、蜂蜜各2大匙

做法
1. 鸡腿洗净，再用刀沿着骨头划出有鸡腿一半深的刀痕，备用。
2. 将处理好的鸡腿放入容器中，再加入蒜泥、洋葱粉及所有调料（蜂蜜除外）抓匀、腌渍2小时，备用。
3. 烤箱预热至上火、下火皆为250℃，将腌好的鸡腿取出放入烤盘中，再将烤盘送入烤箱烤约15分钟后取出。
4. 取蜂蜜均匀地涂抹在烤熟的鸡腿上，然后将烤盘再次放入烤箱，烤约5分钟后，取出再涂一次蜂蜜即可。

芥末鸡排

材料
鸡腿排2片（约400克），姜泥10克，
蒜泥30克，面包粉1大匙

腌料
盐、黑胡椒粒各1/4小匙，白糖2小匙，
意大利综合香料少许，米酒2大匙

调料
黄芥末酱2大匙

做法
1. 鸡腿排洗净，用刀在鸡腿排内侧交叉划刀，备用。
2. 将姜泥、蒜泥及所有腌料混合拌匀，再加入处理好的鸡腿排拌匀、腌渍约5分钟，备用。
3. 烤箱预热至上火、下火皆为250℃，将腌好的鸡腿排平铺于烤盘上，再将烤盘送入烤箱，烤约15分钟后取出。
4. 接着均匀地刷上黄芥末酱，再撒上一层面包粉，然后再次放入烤箱烤约3分钟至表面金黄后，取出切块即可。

橙香鸡腿

🥢 材料

去骨鸡腿	1只
柳橙肉	约150克
柳橙汁	约80毫升
乳酪丝	适量
面包粉	适量
罗勒末	适量

🧂 调料

番茄酱	3大匙
白糖	3大匙
盐	1小匙

📋 做法

1. 将去骨鸡腿放入平底锅中煎至八成熟、外观呈金黄色后，取出放凉，备用。
2. 不用洗锅，直接将番茄酱、白糖、盐、柳橙汁和柳橙肉放入原平底锅中煮至浓稠，即成酱汁，备用。
3. 将煎至八成熟的鸡腿切成数块，备用。
4. 将鸡腿块放入焗烤容器内，再淋上做好的酱汁。
5. 将乳酪丝、面包粉和罗勒末混匀后，撒在淋有酱汁的鸡腿块上，然后将焗烤容器放入已预热的烤箱中，以上火250℃、下火100℃烤5～10分钟至鸡腿块表面略焦黄上色即可。

备注：鸡腿肉事先不要煎得太熟，否则焗烤过后肉质会变老，口感不佳。

柠檬鸡腿

材料
鸡腿2只（约500克），蒜泥10克，
洋葱泥、姜泥各15克，柠檬皮屑少许

腌料
盐、白胡椒粉、沙姜粉各1/4小匙，
白糖、洋葱粉各1大匙，米酒2大匙

调料
柠檬汁2小匙

做法
1. 鸡腿洗净沥干，备用。
2. 将蒜泥、洋葱泥、姜泥、柠檬皮屑及所有腌料拌匀成腌酱，备用。
3. 将洗净的鸡腿放入腌酱中腌渍2小时。
4. 烤箱预热至上火、下火皆为220℃，将腌好的鸡腿放置烤盘上，再将烤盘送入烤箱，烤约15分钟后取出装盘，最后淋上柠檬汁即可。

意式蔬菜焗鸡腿

材料
去骨鸡腿1只，洋葱丝3克，乳酪丝30克，
西芹丝、西红柿丁各2克，色拉油适量

调料
意大利综合香料1/2大匙，植物性鲜奶油1大匙

做法
1. 热锅加油，炒香洋葱丝、西芹丝、西红柿丁及意大利综合香料后，再加入植物性鲜奶油、15克乳酪丝炒至乳酪丝完全融化，即可全部盛起，再卷入去骨鸡腿肉块内固定好。
2. 将固定好的去骨鸡腿肉放入烤盘中，再撒入剩余乳酪丝。
3. 将烤盘放入已预热至上火180℃、下火150℃的烤箱中，烤约20分钟至表面呈金黄色即可。

迷迭香酸奶鸡腿

材料

鸡腿2只

调料

迷迭香适量，原味酸奶2大匙，豆蔻粉、丁香粉、盐各1小匙，红辣椒粉1大匙

做法

1. 鸡腿洗净，以刀划开（留骨头）后摊平，备用。
2. 取容器，放入原味酸奶、豆蔻粉、丁香粉、红辣椒粉、盐及处理好的鸡腿排，用手抓匀后放置20分钟，待鸡腿排腌渍入味后，加入迷迭香拌匀，再全部倒入烤盘中。
3. 接着将烤盘放入已预热的烤箱中，以上火、下火皆为200℃烤20～25分钟。
4. 最后取出摆盘即可（可用红甜椒块、西蓝花做装饰）。

柠檬柳橙鸡腿排

材料

鸡腿排2片（约300克），柳橙约250克，柠檬120克，色拉油少许

调料

蜂蜜、酱油各1大匙

做法

1. 鸡腿排洗净；柳橙、柠檬分别榨汁，柠檬皮、柳橙皮留着备用。
2. 将蜂蜜、柳橙汁、柠檬汁、酱油放入容器内搅拌均匀成酱汁，备用。
3. 取平底锅加热，放入少许油，再放入洗净的鸡腿排煎至表皮上色后，盛入烤盘中，再倒入酱汁，并将柠檬皮、柳橙皮一起放入。
4. 接着将烤盘放入已预热的烤箱中，以上火、下火皆为200℃烤30分钟，中途打开烤箱，将烤盘底的酱汁淋回至鸡肉上，此动作重复做2次。
5. 最后取出摆盘即可。

49

奶油南瓜鸡腿

🍤 材料
鸡腿1只，南瓜块200克，胡萝卜块30克，甜豆仁10克，乳酪丝50克，欧芹末1/4小匙，色拉油适量，鸡高汤200毫升

🍶 调料
奶油白酱（做法见14页）3大匙

📋 做法
1. 鸡腿洗净、切块，备用。
2. 取平底锅，加入油烧热后，放入鸡腿块以中火煎熟，再放入南瓜块、胡萝卜块、甜豆仁、鸡高汤及奶油白酱；转小火煮至南瓜块熟软后，全部盛入焗烤容器中，再撒上乳酪丝。
3. 然后将焗烤容器放入已预热的烤箱中，以上火200℃、下火150℃烤约5分钟至表面呈金黄色后，取出撒上欧芹末即可。

蔬烤鸡腿卷

🍤 材料
去骨鸡腿肉200克，红甜椒10克，黄甜椒、青椒各5克，色拉油少许

🍶 调料
盐、白胡椒粉各1/4小匙

📋 做法
1. 红甜椒、黄甜椒、青椒均洗净切粗丝，备用。
2. 在去骨鸡腿肉上划2刀以断筋，再撒上所有调料，备用。
3. 将红甜椒丝、黄甜椒丝、青椒丝放在处理好的鸡腿肉上，再将鸡腿肉卷起，备用。
4. 取1张锡箔纸，抹上少许油，再放入鸡腿卷，然后紧紧包起。
5. 烤箱预热至220℃后，将包紧的锡箔纸放入烤约10分钟至熟，再取出斜切、置盘，即可食用（可另加欧芹做装饰）。

盐焗鸡腿

材料
鸡腿350克，小黄瓜1条，洋葱80克，粗盐200克

腌料
五香粉少许，白糖、盐各1小匙，香油1大匙，
酱油1小匙

做法
1. 先将鸡腿洗净，切2刀，再放入沸水中汆烫过水后洗净，接着放入混匀的腌料中抓匀、腌渍约15分钟，备用。
2. 小黄瓜洗净切片；洋葱洗净切圈，备用。
3. 将腌好的鸡腿用锡箔纸包好，再放入铺有粗盐的烤盘中，然后放入小黄瓜片、洋葱圈。
4. 接着将烤盘放入已预热至上火、下火皆为180℃的烤箱中烤约20分钟，期间每5分钟将鸡腿翻面一次，蔬菜若烤软可先取出。
5. 最后将烤好的鸡腿盛盘，再搭配烤好的小黄瓜片与洋葱圈即可。

洋葱鸡腿

材料
鸡腿350克，洋葱120克，胡萝卜1/3根，
西蓝花1朵，蒜2瓣

腌料
香油1小匙，酱油1大匙，白胡椒粉、沙茶酱各1小匙

做法
1. 鸡腿洗净；蒜洗净切末。
2. 将蒜末及所有腌料混合拌匀，再放入洗净的鸡腿拌匀、腌渍约15分钟，备用。
3. 洋葱洗净切成大片状；胡萝卜洗净切成花片状。
4. 取烤盘，铺上锡箔纸，放入腌好的鸡腿和洋葱片、胡萝卜片。
5. 再将烤盘放入已预热至上火、下火皆为190℃的烤箱中烤约25分钟，期间每5分钟翻面一次，蔬菜若烤软可先取出。
6. 最后将烤熟的鸡腿盛盘，再搭配烤好的洋葱片、胡萝卜片和烫熟的西蓝花即可。

富贵鸡

🍖 材料

去骨鸡腿	2只
猪肉丝	50克
葱丝	80克
姜丝	30克
泡发香菇丝	30克
红辣椒丝	10克
色拉油	适量

🧂 腌料

酱油	2大匙
绍兴酒	1大匙
沙姜粉	1/2小匙

🧂 调料

蚝油	2大匙
绍兴酒	2大匙
白糖	1/2小匙
白胡椒粉	1/2小匙

📋 做法

1. 用刀在去骨鸡腿内侧交叉划刀，让其在烹饪时较易入味且不收缩。

2. 将处理好的去骨鸡腿加入所有腌料抓匀、腌渍5分钟，备用。

3. 热锅，倒入色拉油，炒香姜丝、香菇丝、葱丝、猪肉丝及红辣椒丝。

4. 再加入蚝油、绍兴酒、白糖、白胡椒粉，炒至汤汁略干，即可起锅。

5. 取锡箔纸平铺，放入腌好的鸡腿，再在鸡腿上加入炒好的材料，然后将鸡腿卷成圆筒形，最后将锡箔纸封好，备用。

6. 烤箱预热至上火、下火皆为250℃，将封好锡箔纸的鸡腿送入烤箱，烤约25分钟后取出。

7. 最后剥去锡箔纸，将烤熟的鸡腿切片装盘即可。

虾酱鸡腿

材料
鸡腿600克，蒜泥10克，姜泥15克

调料
虾酱2小匙，白胡椒粉1/4小匙，白糖1大匙，
米酒2大匙

做法
1. 鸡腿洗净、沥干；蒜泥、姜泥及所有调料
   拌匀成腌料，备用。
2. 将洗净的鸡腿放入腌料中抓匀、腌渍2小
   时，备用。
3. 烤箱预热至上火、下火皆为220℃，将腌好
   的鸡腿放置烤盘上，再将烤盘送入烤箱，
   烤约15分钟后，取出装盘即可。

蒜焗鸡腿

材料
鸡腿600克，蒜50克

调料
盐1小匙，白胡椒粉少许，米酒、水各100毫升

做法
1. 鸡腿洗净、沥干。
2. 将洗净的鸡腿抹上盐、白胡椒粉、米酒。
3. 再将处理好的鸡腿与水、蒜一起用锡箔纸
   包好。
4. 接着将包好锡箔纸的鸡腿放入已预热的烤
   箱中，以180℃烤约30分钟即可。

墨西哥辣烤鸡翅

材料
鸡翅7只（约400克），蒜3瓣，姜少许，
葱20克，红辣椒2个，色拉油少许

腌料
墨西哥辣椒酱1大匙，香油1大匙，
盐、黑胡椒粉各少许

做法
1. 鸡翅洗净后沥干，备用。
2. 取烤盘，铺上锡箔纸，抹上少许色拉油，
   再将洗净的鸡翅放入。
3. 接着将烤盘放入已预热至上火、下火皆为
   190℃的烤箱中烤约15分钟，期间每5分钟
   将鸡翅翻面一次，烤至鸡翅上色后取出。
4. 蒜、葱、红辣椒和姜均洗净切末后，放入
   容器中，再加入所有腌料搅拌均匀，即成
   酱料。
5. 最后将烤好的鸡翅取出，再放入酱料搅拌
   均匀，让鸡翅充分入味即可。

匈牙利辣烤鸡翅

材料
鸡翅7只，蒜5瓣，红辣椒1个，
绿色西葫芦约200克

腌料
匈牙利红辣椒粉1大匙，新鲜百里香适量，
橄榄油1大匙，黑胡椒粒、盐各少许

做法
1. 将蒜和红辣椒均洗净切成末状；绿色西葫
   芦洗净切成圆片状，备用。
2. 将所有腌料放入容器中，再加入蒜末、红
   辣椒末搅拌均匀，即成腌酱，备用。
3. 鸡翅洗净后，放入腌酱中腌渍约15分钟。
4. 取烤盘，铺上锡箔纸，再放入腌好的鸡翅
   与绿色西葫芦片。
5. 接着将烤盘放入已预热至上火、下火皆为
   200℃的烤箱中烤约15分钟，期间每3分钟
   将鸡翅翻面一次。
6. 最后将烤好的食物盛盘。

咖喱鸡翅

🍖 材料
鸡翅5只，杏鲍菇20克，西蓝花、洋葱各80克

🧂 腌料
咖喱粉、花生仁碎各1大匙，椰奶2大匙，
鱼露1小匙，白糖、盐各1小匙，香油1大匙

🍳 做法
1. 先将鸡翅洗净，再放入混匀的腌料中抓匀、腌渍约15分钟，备用。
2. 杏鲍菇洗净对切；西蓝花洗净切小朵；洋葱洗净切大块。
3. 取烤盘，铺上锡箔纸，再放入腌好的鸡翅与杏鲍菇块、西蓝花、洋葱块，接着将烤盘放入已预热至上火、下火皆为190℃的烤箱中烤约15分钟。
4. 在烤的过程中，每5分钟将鸡翅翻面一次，蔬菜若烤软可先取出。
5. 最后将烤好的鸡翅取出盛盘，再搭配烤好的蔬菜即可。

红酒鸡翅

🍖 材料
鸡翅10只，洋葱丝、甜椒丝各30克，蒜泥15克

🧂 调料
盐1/2小匙，白糖1小匙，红酒100毫升，
白胡椒粉、迷迭香粉各1/4小匙

🍳 做法
1. 鸡翅洗净后剁成2段，备用。
2. 将洋葱丝、甜椒丝、蒜泥及所有调料混匀后，加入洗净的鸡翅段腌2小时，备用。
3. 烤箱预热至上火、下火皆为250℃，将腌好的鸡翅段取出、放置烤盘上，再将烤盘送入烤箱，烤约15分钟后，取出装盘即可（可另加入欧芹做装饰）。

甜辣酱鸡翅

🥢 材料
鸡翅10只，蒜泥15克

🧂 调料
甜辣酱4大匙，白糖1大匙，黑胡椒粉1/2小匙，
米酒2大匙，意大利综合香料粉1/4小匙，
匈牙利红辣椒粉1小匙

🍲 做法
① 鸡翅洗净后剁成2段，备用。
② 将蒜泥与所有调料混匀，再加入洗净的鸡
翅段腌2小时，备用。
③ 烤箱预热至上火、下火皆为250℃，将腌好
的鸡翅段取出、放置烤盘上，再将烤盘送
入烤箱，烤约15分钟后，取出装盘即可。

辣烤鸡翅

🥢 材料
鸡三节翅6只

🧂 腌料
红辣椒粉1小匙，酱油1小匙，白糖1/2小匙

🧂 调料
白胡椒粉1/4小匙，辣椒酱1小匙，米酒1小匙

🍲 做法
① 将所有腌料混合拌匀，备用。
② 将鸡三节翅洗净，切开成鸡翅根与二节翅，
再加入腌料拌匀、腌渍约30分钟，备用。
③ 烤箱预热至170℃，将腌好的鸡翅根与二
节翅取出、放入烤盘中，再将烤盘放入烤
箱，烤约15分钟至表面金黄熟透后取出。
④ 将所有调料混合拌匀后，搭配烤熟的鸡翅
食用即可。

香烤鸡翅

材料
鸡翅6只，蒜末、香菜末、红辣椒末各5克

调料
酱油3大匙，白糖1大匙，米酒1大匙，
沙茶酱1/2大匙

做法
1. 鸡翅洗净、沥干，备用。
2. 蒜末、香菜末、红辣椒末混合拌匀，备用。
3. 将洗净的鸡翅放入容器中，再加入所有调料混合拌匀，然后放入冰箱冷藏、腌约30分钟，备用。
4. 取出腌好的鸡翅，并用竹签一个个串上，然后放入已预热的烤箱，以上火、下火皆为200℃烤约10分钟；翻面刷上混匀的调料，再撒上混匀的蒜末、香菜末、红辣椒末，放入烤箱续烤10分钟即可。

盐焗鸡翅

材料
鸡翅2只，色拉油少许

腌料
米酒1大匙，香油1小匙，盐2小匙，姜片2片

调料
胡椒盐1小匙

做法
1. 鸡翅洗净，加入所有腌料腌20分钟，备用。
2. 取烤盘，铺上锡箔纸，抹上少许色拉油，将腌好的鸡翅放入后，包起锡箔纸，备用。
3. 烤箱预热至220℃，将包好锡箔纸的鸡翅放入烤箱烤约10分钟。
4. 取出后，打开锡箔纸，再撒入胡椒盐，然后包好锡箔纸，送入烤箱续烤2分钟至胡椒盐融化即可。

美味应用
虽然鸡翅的肉较少，但事先以米酒和盐腌渍过后，烤出来的味道更加美味。如果是带有鸡翅中的鸡翅，就要先用刀将鸡翅中划至见骨后，再放入烤箱烤较容易熟。

鸡肉乳酪卷

📋 **材料**

鸡胸肉块约200克，火腿片、乳酪片各1片，小西红柿3个，小黄瓜1/2条，蛋液40克，面粉、面包粉各2大匙

📋 **调料**

盐、白胡椒粉各少许，橄榄油1小匙

📋 **做法**

1. 将鸡胸肉块用菜刀对切但不切断，中间加入所有调料，再夹入火腿片和乳酪片，然后将鸡胸肉块两边肉夹紧，备用。

2. 小西红柿洗净对切；小黄瓜洗净切成块状，备用。将夹好的鸡胸肉块依序沾上面粉、蛋液和面包粉，再放入抹有少许油的锡箔纸上；然后将锡箔纸放入烤盘中，接着将小西红柿块、小黄瓜块也一起放入烤盘中。

3. 将烤盘放入已预热至上火、下火皆为180℃的烤箱中烤约15分钟，期间每5分钟翻面一次，最后取出装盘即可。

三色鸡排

📋 **材料**

鸡胸肉200克，罗勒叶适量，芦笋段50克，红甜椒条、黄甜椒条各30克，色拉油少许，乳酪丝、红甜椒丁、黄甜椒丁、盐各适量

📋 **做法**

1. 先将鸡胸肉切成薄片状，再在鸡胸肉片上依序放入罗勒叶、红甜椒条、黄甜椒条，撒上适量盐卷起。

2. 接着将鸡胸肉卷放入锅中，以少许油煎至半熟后，取出盛入焗烤容器中，再将芦笋段也放入此容器中。

3. 接着撒入乳酪丝、红甜椒丁和黄甜椒丁，然后将焗烤容器放入已预热的烤箱中，以上火250℃、下火100℃烤5~10分钟，烤至鸡胸肉卷表面呈现金黄色即可。

4. 先将烤熟的芦笋段取出放入盘中，再将烤好的鸡胸肉卷取出对切，放在芦笋段上即可。

芦笋鸡胸肉

🥬 材料
鸡胸肉200克，芦笋80克，黄甜椒1/3个，
鸡蛋2个，面粉1大匙

🥢 腌料
米酒、香油各1小匙，盐、黑胡椒粒各少许

📋 做法
❶ 先将鸡胸肉切成小长条状，再加入混匀的
腌料拌匀、腌渍约10分钟，备用。
❷ 芦笋与黄甜椒均洗净切成条状；鸡蛋打散
搅拌均匀，备用。
❸ 将腌过的鸡胸肉条取出，沾上面粉，再沾
裹上蛋液，备用。
❹ 取烤盘，铺上锡箔纸，放入裹好蛋液的鸡
胸肉条与芦笋条、黄甜椒条。
❺ 然后将烤盘放入已预热至上火、下火皆为
180℃的烤箱，烤约10分钟即可。

罗勒青酱鸡胸肉

🥬 材料
鸡胸肉200克，小西红柿4个，罗勒叶少许，
色拉油少许

🥢 调料
青酱（做法见15页）2大匙，黑胡椒粉少许

📋 做法
❶ 先将鸡胸肉洗净，再将鸡胸肉切成厚片状，
备用。
❷ 小西红柿洗净对切；罗勒洗净，备用。
❸ 取烤盘，铺上锡箔纸，抹上少许油，再均
匀地铺上鸡胸肉片，接着放入所有调料及
小西红柿块。
❹ 然后将烤盘放入已预热至上火、下火皆为
190℃的烤箱中烤约10分钟。
❺ 最后取出盛盘，放入罗勒叶做装饰即可。

川辣鸡丁焗甜椒

材料
鸡胸肉	200克
红甜椒	1/2个
黄甜椒	1/2个
葱	10克
蒜	3瓣
红辣椒	1个
色拉油	1大匙
乳酪丝	30克
干辣椒	3个
香菜	少许

调料
五香粉	1小匙
香油	1小匙
辣油	1小匙

做法
1 鸡胸肉洗净后切大块肉丁；红甜椒、黄甜椒均洗净后切菱形片；葱切段；蒜、红辣椒均洗净切片，备用。
2 取炒锅，加入1大匙色拉油烧热后，放入鸡胸肉丁以中火爆香。
3 再加入红甜椒片、黄甜椒片、葱段、蒜片、红辣椒片及干辣椒、五香粉、香油、辣油，一同翻炒均匀。
4 接着全部盛入烤皿中，再撒上乳酪丝。
5 烤箱预热至200℃后，将烤皿放入烤箱中，烤约10分钟至乳酪丝融化、上色后取出，最后放上香菜做装饰即可。

鲜菇鸡肉花

材料

鸡胸肉	200克
鲜香菇	3朵
蒜	2瓣
红辣椒	1/3个
葱	10克
上海青	2棵
色拉油	适量

调料

盐	少许
黑胡椒粉	少许
香油	1小匙
辣豆瓣酱	1小匙

做法

1. 先将鸡胸肉洗净，再切成薄片状，备用。

2. 鲜香菇洗净切小丁；蒜、红辣椒和葱都洗净切末。

3. 取炒锅，放入1大匙色拉油烧热后，放入鲜香菇丁、蒜末、红辣椒末和葱末以中火爆香，再加入所有调料翻炒均匀，备用。

4. 将鸡胸肉片轻轻地卷成圆形花朵状，中间留有空洞，用来填入上一步炒香的材料，即成鸡肉花，备用。

5. 取烤盘，铺上锡箔纸，抹上少许色拉油，再放入做好的鸡肉花，接着将烤盘放入已预热至上火、下火皆为180℃的烤箱中烤约15分钟，最后盛盘时摆入烫熟的上海青做装饰即可。

手扒鸡

📋 **材料**
小鸡1只（约600克），葱20克，红辣椒3个，蒜10瓣

📋 **腌料**
白胡椒粉、白糖各1大匙，酱油3大匙，米酒2大匙，八角4颗，卤包1包，开水1000毫升

📋 **调料**
粗黑胡椒粉适量

📋 **做法**
1. 将葱、红辣椒、蒜均洗净切碎，与所有腌料混合拌匀，即成腌酱，备用。
2. 将小鸡内脏清除后洗净，放入腌酱中浸泡约2小时至入味取出。
3. 先将烤箱预热至170℃，再放入腌好的小鸡烤约40分钟（中途可翻面）至表面金黄熟透后取出。
4. 最后撒上粗黑胡椒粉，用手扒取鸡肉食用即可。

香料烤全鸡

📋 **材料**
鸡1只（约800克）

📋 **腌料**
意大利综合香料2大匙，白酒1大匙，盐、黑胡椒粉、迷迭香粉各1/2小匙，橄榄油1/2小匙

📋 **做法**
1. 将所有腌料拌匀，备用。
2. 将鸡内脏清除后洗净、沥干，在鸡身内、外均匀地抹上拌匀的腌料，腌渍约1小时，备用。
3. 取出腌好的鸡肉，放入已预热的烤箱，以上火、下火皆为150℃烤约40分钟至鸡肉金黄熟透，取出即可。

墨西哥鸡肉卷

材料

墨西哥卷饼	2张
鸡胸肉	200克
洋葱	40克
奶油	少许
乳酪丝	50克
蘑菇	30克
蛋黄液	20克

调料

奶油白酱	2大匙

（做法见14页）

做法

① 取平底锅加热，放入墨西哥卷饼，将两面稍干烙后取出，备用。

② 鸡胸肉洗净沥干后，剁成碎末状；洋葱洗净沥干后切碎末；蘑菇洗净沥干后切片，备用。

③ 取平底锅，加入少许奶油烧热后，放入鸡胸肉碎、洋葱末、蘑菇片炒香，再放入奶油白酱翻炒均匀，即成馅料，备用。

④ 取1张干烙后的墨西哥卷饼铺平，放入一半的馅料和约16克乳酪丝，卷起后以蛋黄液封口；再于卷好的墨西哥卷饼表面刷上少许蛋黄液、撒上约9克乳酪丝，即成鸡肉卷；重复上述动作完成另一个鸡肉卷。

⑤ 将做好的鸡肉卷放入已预热的烤箱中，以上火150℃、下火100℃烤约10分钟，烤至鸡肉卷表面呈金黄色后即可取出。

新疆鸡肉串

🥢 **材料**
鸡胸肉100克

🧂 **腌料**
小茴香1小匙，香油1小匙，
八角粉、盐、白胡椒粉各少许

🍳 **做法**
① 先将鸡胸肉切成长条状，再加入混匀的腌料腌渍约10分钟，备用。
② 将腌好的鸡胸肉条用竹签串起，备用。
③ 取烤盘，铺上锡箔纸，放入鸡肉串。
④ 再将烤盘放入已预热至上火、下火皆为180℃的烤箱，烤约15分钟，期间每3分钟翻面刷上混匀的腌料一次，最后烤至鸡肉上色即可。

沙茶鸡肉串

🥢 **材料**
去皮鸡胸肉100克

🧂 **腌料**
沙茶酱2大匙

🧂 **调料**
红辣椒粉适量

🍳 **做法**
① 将去皮鸡胸肉切成条状，再加入沙茶酱腌约10分钟，备用。
② 将腌好的鸡胸肉条以竹签串起，备用。
③ 烤箱预热至150℃后，放入鸡肉串烤约8分钟，取出后撒上红辣椒粉即可。

> **美味应用**
> **沙茶酱**
> 将沙茶酱2小匙、花生酱1小匙、鱼露2大匙、椰糖1大匙混合拌匀即可。

照烧牛肉

■ 材料
去骨牛小排300克，熟白芝麻1小匙

■ 腌料
蒜香粉、盐各1/4小匙，白糖1小匙，米酒1大匙

■ 调料
米酒2大匙，照烧酱2大匙，水3大匙

■ 做法
1. 牛小排切小块，加入所有腌料拌匀、腌渍1小时；所有调料拌匀，备用。
2. 烤箱预热至上火、下火皆为250℃，将腌好的牛小排放入烤箱烤约5分后取出，涂上照烧酱后，再放入烤箱烤2分钟。
3. 接着将牛小排取出翻面，再次涂上照烧酱，续烤2分钟至牛小排两面微焦香，即可取出装盘。
4. 最后撒上熟白芝麻即可。

黑胡椒牛肉丁

■ 材料
去骨牛小排300克，红辣椒末、蒜末各20克，葱花30克

■ 调料
盐、黑胡椒粉各1/2小匙，白糖1小匙，米酒1大匙

■ 做法
1. 牛小排切丁后放入盆中，再加入所有调料充分拌匀，接着加入红辣椒末、葱花及蒜末拌匀，备用。
2. 取1张锡箔纸，放入拌匀后的牛肉丁包起，开口不要封起来，以便排放水蒸气。
3. 烤箱预热至上火、下火皆为250℃，将包好锡箔纸的牛肉放置烤盘上，再将烤盘送入烤箱，烤约10分钟后取出；打开锡箔纸，稍翻动食材，再次放入烤箱续烤约3分钟后，取出装盘即可。

黑胡椒牛小排

材料
去骨牛小排300克

腌料
黑胡椒酱1大匙

做法
① 牛小排加入黑胡椒酱拌匀，腌约5分钟。
② 烤箱预热至180℃后，放入腌好的牛小排及少许腌料，烤约5分钟即可。

> **美味应用** 牛小排淋上黑胡椒酱一起烤，除了可以让牛小排更易入味外，还可以防止牛小排的水分被烤干。但是黑胡椒酱不宜放过多，以免烤出来的味道过咸。

蒜味盐烤牛小排

材料
无骨牛小排300克，蒜6瓣，西蓝花适量，胡萝卜1/2根，土豆1个

调料
盐少许，食用油适量

做法
① 蒜洗净切末；西蓝花洗净切小朵；胡萝卜洗净切大块，备用。
② 将牛小排抹上少许盐，再放入热油中略煎至两面上色后，盛入烤盘。
③ 接着将蒜末铺至牛小排上，再将烤盘放入已预热至200℃的烤箱中烤5分钟。
④ 将西蓝花、胡萝卜块放入沸水中烫熟；土豆去皮煮熟后切块，备用。
⑤ 取出烤熟的牛小排装盘，再放入烫熟的西蓝花、胡萝卜块、土豆块做装饰即可。

麻辣牛小排

🍲 **材料**
去骨牛小排300克，姜泥10克，蒜泥30克

🥄 **调料**
辣椒酱1大匙，蚝油2小匙，白糖2小匙，
米酒2大匙，辣椒粉、花椒粉各1小匙

🍴 **做法**
① 牛小排切小块，备用。
② 将姜泥、蒜泥及所有调料混合拌匀成腌酱，
   再加入牛小排拌匀、腌渍约5分钟，备用。
③ 烤箱预热至上火、下火皆为250℃，将腌好
   的牛小排连同腌酱平铺于烤盘中，再将烤
   盘送入烤箱。
④ 烤约5分钟后翻面，续烤约3分钟，即可取
   出装盘。

蜂蜜芥末牛肉

🍲 **材料**
去骨牛小排300克，姜泥10克，蒜泥30克

🥄 **腌料**
盐、黑胡椒粒各1/4小匙，白糖2小匙，
百里香少许，米酒2大匙

🥄 **调料**
黄芥末酱2大匙，蜂蜜1大匙

🍴 **做法**
① 牛小排切小块；黄芥末酱与蜂蜜调匀成蜂
   蜜芥末酱，备用。
② 将姜泥、蒜泥及所有腌料拌匀成腌酱后，
   加入牛小排块拌匀、腌渍约5分钟，备用。
③ 烤箱预热至上火、下火皆为250℃，将腌过
   的牛小排块取出、铺于烤盘上，再将烤盘
   送入烤箱。
④ 烤约5分钟后取出，刷上蜂蜜芥末酱，然后
   再放入烤箱烤约3分钟，即可取出装盘。

蜜橙汁牛小排

材料
去骨牛小排	400克
洋葱泥	20克
姜泥	10克
蒜泥	10克

腌料
盐	1/3小匙
白糖	2小匙
香橙酒	1大匙

调料
橙汁	6大匙
蜂蜜	3大匙
白兰地	1大匙
盐	1/2小匙

做法
1. 牛小排切小块，备用。
2. 将洋葱泥、姜泥、蒜泥及所有腌料拌匀成腌汁；所有调料拌匀成蜜橙酱，备用。
3. 将牛小排加入腌汁拌匀、腌渍1小时，备用。
4. 烤箱预热至上火、下火皆为250℃，将腌好的牛小排块取出、放入烤盘，再将烤盘放入烤箱。
5. 烤约5分钟后取出，涂上蜜橙酱，然后再送入烤箱烤2分钟。
6. 再次取出翻面，涂上蜜橙酱，继续烤2分钟至两面微焦香，取出装盘即可。

焗烤牛小排

材料
去骨牛小排200克，洋葱120克，西蓝花少许，西红柿1个，乳酪丝适量

调料
盐少许，橄榄油少许

做法
1. 洋葱、西红柿均洗净、切丁；西蓝花切小朵，放入沸水中烫熟后捞出，备用。
2. 取平底锅加热，倒入少许橄榄油，放入牛小排煎至两面上色后，盛入烤盘。
3. 用原平底锅炒香洋葱丁、西红柿丁，再放入盐调味后盛起，并均匀铺在煎过的牛小排上。
4. 接着撒上乳酪丝，然后将烤盘放入已预热至200℃的烤箱中烤8分钟。
5. 待乳酪丝融化、上色后取出盛盘，最后放入烫熟的西蓝花做装饰即可。

山药泥焗烤牛排

材料
牛小排2块，欧芹末少许，山药泥50克，色拉油少许，乳酪丝30克，植物性鲜奶油20克

做法
1. 取平底锅，放入少许油烧热后，放入牛小排，以大火煎至牛小排两面略呈金黄色后，盛入烤盘，备用。
2. 将山药泥、植物性鲜奶油放入原平底锅中，以小火煮至浓稠后，全部倒在已煎好的牛小排上，再撒上乳酪丝。
3. 接着将烤盘放入已预热的烤箱中，以上火250℃、下火150℃烤约2分钟至表面呈金黄色。
4. 最后取出盛盘，撒上欧芹末即可。

孜然牛肉串

🍖 **材料**

牛肉300克，红甜椒、洋葱各100克，
姜泥10克，蒜泥20克

🧂 **调料**

盐1/3小匙，白糖2小匙，米酒1大匙，
辣椒粉、孜然粉各1小匙

📋 **做法**

1. 牛肉、红甜椒、洋葱均洗净切小方块，备用。
2. 将姜泥、蒜泥及盐、白糖、米酒拌匀成腌料，再加入牛肉块拌匀、腌渍约5分钟，备用。
3. 接着用竹签将腌好的牛肉块及红甜椒块、洋葱块串起，备用。
4. 烤箱预热至上火、下火皆为250℃，将牛肉串铺于烤盘上，再将烤盘送入烤箱，烤约5分钟后翻面，再次烤约3分钟后取出。
5. 于牛肉串上撒上孜然粉及辣椒粉后，放入烤箱续烤约2分钟，即可取出装盘。

咖喱牛肉串

🍖 **材料**

牛肉300克，蒜泥20克，红辣椒末15克

🧂 **调料**

盐1/3小匙，白糖2小匙，米酒、色拉油各1大匙，
咖喱粉、花生粉各1大匙

📋 **做法**

1. 牛肉切小方块，备用。
2. 将蒜泥、红辣椒末及所有调料拌匀成腌料，再加入牛肉块拌匀、腌渍约10分钟，备用。
3. 用竹签将腌好的牛肉块串起，备用。
4. 烤箱预热至上火、下火皆为250℃，将牛肉串铺于烤盘上，再将烤盘送入烤箱，烤约5分钟后，取出翻面，再烤约3分钟。
5. 最后取出装盘即可。

葱串牛肉

材料
牛肉250克，葱60克

腌料
盐1/2小匙，胡椒粉少许，辣酱油1大匙，
红酒2大匙

做法
1 牛肉洗净后切块；葱洗净后切段，备用。
2 将所有腌料混合拌匀，再放入洗净的牛肉块拌匀、腌渍约20分钟，备用。
3 将腌好的牛肉块取出，与葱段一起用竹签串起后，放入已预热的烤箱，以上火、下火皆为200℃烤10分钟后，取出即可。

泡菜牛肉卷

材料
牛肉片250克，泡菜120克，洋葱丝80克，
红甜椒丁适量，苹果泥1大匙，蒜泥20克，
黄瓜片少许

调料
韩式辣椒酱1大匙，水2大匙，米酒1大匙

做法
1 将苹果泥、蒜泥及所有调料拌匀成酱汁，备用。
2 将牛肉片铺平，放上洋葱丝及泡菜卷起，再用牙签固定以免散落，备用。
3 烤箱预热至上火、下火皆为250℃后，将固定好的牛肉卷送入烤箱，烤约5分钟后取出，涂上酱汁，再放入烤箱烤2分钟。
4 接着取出翻面，再次涂上酱汁续烤2分钟至牛肉卷两面微焦香后，取出装盘。
5 最后放入红甜椒丁、黄瓜片做装饰即可。

韩式牛肉

🐟 材料
牛肉片250克，生菜叶10片，葱花15克，
蒜泥、姜泥各10克

🍶 调料
酱油、米酒、水、香油各1大匙，
韩国辣椒酱1大匙，白糖1小匙

🍳 做法
1. 将葱花、蒜泥、姜泥及所有调料拌匀成腌酱，备用。
2. 将牛肉片加入腌酱拌匀、腌渍1小时，备用。
3. 烤箱预热至上火、下火皆为250℃，将腌好的牛肉片平铺于烤盘上，再将烤盘放入烤箱，烤约2分钟后翻面，再烤约3分钟后取出装盘。
4. 最后可搭配生菜叶包裹着食用（可另摆入葱花做装饰）。

果泥牛肉

🐟 材料
牛肉片300克，苹果泥、菠萝泥各30克，
洋葱泥15克，姜泥10克

🍶 调料
盐1/3小匙，米酒1大匙，白糖2小匙，
白胡椒粉1/4小匙

🍳 做法
1. 将苹果泥、菠萝泥、洋葱泥、姜泥及所有调料拌匀成腌酱，备用。
2. 牛肉片加入腌酱拌匀、腌渍1小时，备用。
3. 烤箱预热至上火、下火皆为250℃，将腌好的牛肉片平铺于烤盘上，再将烤盘送入烤箱，烤约2分钟后翻面，再烤约3分钟后取出装盘即可（可另放入欧芹、西红柿块做装饰）。

咖喱酱牛腩

🍲 材料

牛腩	600克
土豆	150克
胡萝卜	150克
洋葱	120克
橄榄油	1大匙
高汤	500毫升
乳酪丝	100克

🧂 调料

咖喱酱	4大匙
（做法见16页）	

📋 做法

❶ 牛腩洗净，放入沸水中以小火煮约45分钟后，取出冲冷水，待牛腩完全冷却后切小块，备用。

❷ 土豆、胡萝卜分别去皮、洗净、切小块；洋葱洗净切小丁，备用。

❸ 取平底锅，放入橄榄油烧热后，加入洋葱丁以小火炒软，再放入土豆块、胡萝卜块炒香。

❹ 然后放入冷却后的牛腩块稍翻炒，接着倒入高汤以小火煮20分钟后，放入咖喱酱续煮10分钟，待汤汁略收干后，全部盛入烤盘，再撒上一层乳酪丝。

❺ 烤箱预热至180℃后，将烤盘放入烤箱，烤10～15分钟至食物表面金黄，即可取出装盘（可搭配米饭、黑胡椒粉食用）。

南洋牛肉沙拉

🥘 材料

火锅牛肉片	1盒
小红西红柿	30克
小黄西红柿	30克
香菜	适量
罗勒	适量
蒜末	1大匙
红葱头末	1大匙
红辣椒末	1大匙

🧂 腌料

米酒	1小匙
白糖	1小匙
酱油	1小匙

🧂 调料

白糖	2小匙
酱油	1小匙
番茄酱	1小匙
鱼露	少许
柠檬汁	2大匙
香油	1小匙

📋 做法

1. 将火锅牛肉片加入所有腌料拌匀、腌渍约5分钟。
2. 小红西红柿与小黄西红柿分别洗净、切成6小瓣，备用。
3. 香菜、罗勒洗净后切末，与蒜末、红葱头末、红辣椒末及所有调料混合调匀成调味汁，备用。
4. 烤箱预热至220℃，将腌好的火锅牛肉片放在烤架上，烤约3分钟后取出，拌开待凉，备用。
5. 将小红西红柿片与小黄西红柿片铺在盘底，再放上烤熟的牛肉片，最后淋入调味汁即可。

红酒牛肉

材料
牛肉块	300克
西红柿块	200克
蒜末	10克
胡萝卜块	150克
洋葱块	150克
西芹块	150克
蘑菇片	50克
百里香	少许
色拉油	少许

调料
红酒	100毫升
番茄酱	1大匙
月桂叶	3片
盐	少许
胡椒粉	少许
水	200毫升

做法
1. 将牛肉块放入锡箔盒中，再放入蒜末、洋葱块以少许油略拌。
2. 接着将锡箔盒放入已预热的烤箱中，以200℃烤约5分钟后取出。
3. 然后将胡萝卜块、西芹块、西红柿块、蘑菇片、月桂叶、百里香放入锡箔盒中拌匀，再次将锡箔盒放入已预热的烤箱中烤约5分钟。
4. 取出锡箔盒，加入剩余调料拌匀后，以锡箔纸将锡箔盒覆盖好，然后放入已预热的烤箱中，以180℃烤约50分钟，取出即可。

沙茶羊肉

材料
羊肉片300克，洋葱丝30克，青椒丝20克，红辣椒丝10克，姜末5克

调料
沙茶酱1大匙，蚝油1/2大匙，盐少许，米酒、香油各1大匙

做法
① 羊肉片加入姜末、米酒、盐、香油混合拌匀后，放入已预热的烤箱中，以200℃烤约5分钟。

② 取出羊肉片，加入洋葱丝、青椒丝、红辣椒丝、沙茶酱、蚝油混合拌匀后，再放回烤箱续烤约10分钟即可。

孜然羊肉串

材料
羊腿肉200克，红甜椒、黄甜椒各1/2个，洋葱120克，鲜香菇6朵

腌料
酱油、米酒各1小匙，白糖1/2小匙，味醂1大匙

调料
孜然粉、红椒粉各适量，盐少许

做法
① 羊腿肉切小块，加入所有腌料拌匀、腌渍约1小时，备用。

② 将红甜椒、黄甜椒、洋葱、鲜香菇均切成适当大小的块状，备用。

③ 用竹签将腌好的羊腿肉块及红甜椒块、黄甜椒块、洋葱块、鲜香菇块串起，备用。

④ 将做好的羊肉串放入已预热至180℃的烤箱中，烤约10分钟后取出。

⑤ 最后撒上孜然粉、红辣椒粉、盐即可。

迷迭香羊小排

材料

羊小排4根，蒜末20克，姜末10克

调料

迷迭香粉、盐各1/2小匙，白糖1小匙，白酒2大匙，意大利综合香料1/4小匙，

做法

① 羊小排洗净沥干，备用。

② 将姜末、蒜末及所有调料拌匀成腌酱，再放入羊小排拌匀、腌渍约2小时，备用。

③ 将腌好的羊小排铺于烤盘上，再抹上少许腌酱。

④ 接着将烤盘放入已预热的烤箱中，以上火、下火皆为250℃烤约5分钟即可。

香料芥末烤羊排

材料

羊排（不切开）4根，土豆2个，
香料面包粉适量，色拉油少许

调料

盐、黑胡椒粉各1大匙，芥末籽酱5大匙

做法

① 将盐、黑胡椒粉混合均匀后，抹在羊排表面腌20分钟，备用。

② 土豆去皮，用微波炉加热15分钟后取出、压扁。

③ 取平底锅，倒少许油烧热后，放入腌好的羊排煎至每面上色后盛出，再与加热后的土豆一起放入烤盘中。

④ 烤箱预热至200℃，将烤盘放入烤箱烤5分钟后取出，在羊排每一面涂上芥末籽酱后，再均匀裹上香料面包粉，然后放入已预热的烤箱中，以上火、下火皆为220℃烤10分钟至羊排外层酥脆即可。

烤西红柿羊排

🍳 材料

羊排	3根
新鲜迷迭香	少许
新鲜百里香	少许
蒜	7瓣
橄榄油	适量
奶油	20克
西红柿	2个

🧂 调料

盐	1小匙
黑胡椒粉	1大匙
黑胡椒粒	适量
白醋	1大匙

🍽 做法

1. 将盐、黑胡椒粉混合拌匀后，均匀抹在羊排表面腌渍20分钟；3瓣蒜压扁，备用。

2. 取平底锅，倒入少许橄榄油、奶油加热，待奶油融化后放入腌好的羊排、迷迭香及未压扁的4瓣蒜，以锅内的汤汁边淋边煎羊排，煎至羊排均匀上色（颜色稍深）后盛入烤盘中。

3. 再将烤盘放入已预热至200℃的烤箱中烤10分钟。

4. 另取锅，倒入少许橄榄油加热，放入西红柿、百里香、压扁的3瓣蒜及白醋，炒出香味后全部盛入另一烤盘，再将此烤盘放入已预热至200℃的烤箱中烤15分钟。

5. 最后将两边都烤好的食物取出、组合装盘，再撒上黑胡椒粒做装饰即可。

PART 2

肉鲜味美的
焗烤海鲜

焗烤鱼类佳肴时，一般要用到锡箔纸，这样可防止鱼皮粘黏的情况发生；若不想吃得太过油腻，也可将锡箔纸搓皱，以减少鱼皮与油的接触面积。对于扇贝、田螺等带壳的海鲜类食材，可不垫锡箔纸，直接放在烤盘上烤即可，这样烤出来的食材表面口感更酥脆，别有一番风味。

味噌酱鳕鱼

📋 **材料**
鳕鱼片2片（约600克），柠檬约100克，
色拉油少许

🧂 **腌料**
味醂2大匙，白味噌1/2大匙

🥄 **调料**
七味粉适量

🍳 **做法**

① 将鳕鱼片加入所有腌料拌匀、腌渍约10分钟，备用。

② 取烤盘，铺上锡箔纸，抹上少许色拉油，再放入腌好的鳕鱼片。

③ 烤箱预热至150℃后，将烤盘放入烤箱烤约10分钟。

④ 最后取出烤熟的鳕鱼片，挤上柠檬汁，再撒上适量七味粉即可。

美味应用
此道菜没有用锡箔纸把鳕鱼包起来，烤出来的鳕鱼表面就会比较酥脆；若利用锡箔纸包裹住鳕鱼，烤的过程中鱼肉产生的水蒸气会散发不出去，烤出来的鱼肉表面就会比较湿润，味道会有所不同，但一样美味，喜欢这种口感的人不妨试一试。

甜辣酱鳕鱼

📋 **材料**
鳕鱼300克，姜泥20克，葱花10克，洋葱丝15克

🥄 **调料**
盐1/4小匙，米酒1大匙，泰式甜鸡酱2大匙

🍳 **做法**

① 鳕鱼洗净沥干，备用。

② 将盐和米酒混匀后均匀抹至鱼身，备用。

③ 烤箱预热至上火、下火皆为250℃，将处理好的鳕鱼平铺于烤盘上，再将烤盘送入烤箱，烤约10分钟至熟。

④ 取出烤熟的鳕鱼，涂上姜泥、甜鸡酱，铺上洋葱丝，再放入烤箱烤约2分钟至香味散出后取出，最后撒上葱花装盘即可。

麻辣鲈鱼

材料

鲈鱼500克，蒜末、姜末各20克，高汤180毫升，葱粒40克，灯笼辣椒12克，花椒4克，香菜10克

调料

辣豆瓣酱2大匙，盐、白糖各少许，米酒3大匙，孜然粉1/4小匙，色拉油少许

做法

1. 将鲈鱼从鱼腹剖开至背部，再摊开成蝴蝶片；用少许盐、白糖及1大匙米酒抹至鱼身。
2. 烤箱预热至上火、下火皆为250℃，将处理好的鲈鱼平铺于烤盘上，再将烤盘送入烤箱，烤约15分钟至表面微焦香后，取出装盘。
3. 热锅加油，再放入蒜末、姜末、葱粒、灯笼辣椒炒香，接着加入辣豆瓣酱及花椒炒香，最后将高汤及其余调料全部放入煮开后，淋至鲈鱼上，最后撒上香菜即可。

香酱鲈鱼

材料

鲈鱼500克，蒜末、姜末各10克，葱花15克，蒜味花生30克

调料

蚝油1大匙，辣豆瓣酱1大匙，白糖2小匙，米酒2大匙，香油2小匙

做法

1. 鲈鱼洗净沥干后，用刀在鱼身两面划刀；蒜味花生切碎，备用。
2. 将蒜末、姜末及所有调料拌匀成酱料。
3. 烤箱预热至上火、下火皆为250℃，将处理好的鲈鱼平铺于烤盘上，再将烤盘送入烤箱，烤约10分钟后取出翻面。
4. 再放入烤箱烤约5分钟至两面微焦香后，取出涂上酱料、撒上蒜味花生碎，然后放入烤箱，烤约2分钟至香味散出后，取出撒上葱花，装盘即可。

鲜蔬鱼卷

📋 材料

鲈鱼	1条
黄色西葫芦	80克
胡萝卜	1/5根
芦笋	300克
西红柿片	120克
豌豆苗	适量
色拉油	少许

🍶 调料

盐	少许
白胡椒粉	少许
米酒	1大匙
柠檬汁	1小匙

📖 做法

① 鲈鱼去鳞洗净，再去骨取肉，然后将鲈鱼肉对切成4片，备用。

② 黄色西葫芦、胡萝卜和芦笋均洗净切成小段状，备用。

③ 取1片鲈鱼片摊开，放入适量黄色西葫芦段、胡萝卜段和芦笋段，再将鱼片缓缓卷起，最后用牙签固定住，重复上述步骤直到材料用完。

④ 取烤盘，铺上锡箔纸，抹上少许油，再放入鲈鱼卷，然后放入所有调料。

⑤ 接着将烤盘放入已预热至上火、下火皆为180℃的烤箱中烤约20分钟，期间每隔5分钟翻面一次。

⑥ 最后取出烤熟的鲈鱼卷盛盘，以西红柿片和豌豆苗装饰即可（食用时将牙签拔去）。

西红柿鲈鱼片

材料
鲈鱼肉300克，西红柿150克，
洋葱、青椒各50克，姜末20克

调料
番茄酱2大匙，盐、黑胡椒粒各1/4小匙，
白糖2小匙，米酒2大匙

做法
1. 鲈鱼肉切片；西红柿、青椒及洋葱均洗净切片。
2. 将鲈鱼肉片及西红柿片、青椒片、洋葱片、姜末放入容器中，再加入所有调料抓匀，然后全部倒入锡箔纸上铺平、包好。
3. 烤箱预热至上火、下火皆为250℃，将包好锡箔纸的鱼肉放在烤盘上，再将烤盘送入烤箱烤约10分钟。
4. 取出、打开锡箔纸，再次送入烤箱烤约5分钟，烤至有微焦香味散发出来后，取出装盘即可（可另加入罗勒做装饰）。

泰式酸辣鲈鱼

材料
鲈鱼1条，洋葱80克，红辣椒1个，葱10克，
橙子、柠檬各1个，色拉油少许

调料
泰式酸辣酱、白糖各1小匙，水适量

做法
1. 先将鲈鱼去鳞、去鳃后洗净，再用菜刀在鱼身两面划几刀，然后加入所有调料略腌渍，备用。
2. 洋葱、红辣椒、葱均洗净切丝；橙子切片；柠檬切角，备用。
3. 取烤盘，铺上锡箔纸，抹上少许油，再放入处理好的鲈鱼，然后放入洋葱丝、红辣椒丝、葱丝。
4. 接着将烤盘放入已预热至上火、下火皆为200℃的烤箱中烤约30分钟，期间每隔5分钟翻面一次。
5. 最后取出盛盘，以橙子片和柠檬角做装饰。

泰式香茅鱼

材料

鲈鱼1条,洋葱80克,小西红柿3个,香茅1根,蒜3瓣,红辣椒1/3个,豌豆苗、欧芹各少许,油少许

调料

鱼露、柠檬汁、酱油、香油各1小匙,盐、黑胡椒粉各少许

做法

1. 鲈鱼洗净,用刀在鱼身两面划几刀。
2. 小西红柿洗净对切;香茅洗净切段;洋葱洗净切丝;蒜、红辣椒均洗净切末,备用。
3. 取烤盘,铺上锡箔纸,抹上少许油,放入处理好的鲈鱼,再放入小西红柿块、香茅段、洋葱丝、蒜末、红辣椒末及所有调料。
4. 然后将烤盘放入已预热至上火、下火皆为200℃的烤箱中烤约30分钟,期间每隔5分钟将鱼翻面一次。
5. 最后取出盛盘,以豌豆苗、欧芹做装饰。

沙茶带鱼

材料

带鱼400克,蒜末、姜末各10克,红辣椒末5克,葱花15克

调料

酱油2大匙,沙茶酱2大匙,白糖2小匙,米酒1大匙

做法

1. 带鱼切块,用刀在两面划刀,备用。
2. 蒜末、姜末、红辣椒末、葱花及所有调料混合拌匀成酱料,备用。
3. 烤箱预热至上火、下火皆为250℃,将处理好的带鱼块平铺于烤盘上,再将烤盘放入烤箱,烤约5分钟后翻面,再烤约5分钟至鱼两面微焦香。
4. 最后取出涂上酱料,续烤约2分钟至有香味散出,取出装盘即可(可另加入欧芹做装饰)。

葱烤鲳鱼

材料
白鲳鱼2条，葱段100克，蒜片1小匙，
色拉油少许

调料
白糖、辣椒粉各1/4小匙，酱油、米酒各1大匙

做法
1. 将所有调料加入葱段、蒜片混合拌匀成馅料，备用。
2. 白鲳鱼洗净，用刀将腹部切开后塞入做好的馅料，备用。
3. 烤盘铺上锡箔纸，抹少许色拉油，再放入塞有馅料的白鲳鱼。
4. 烤箱预热至180℃后，将烤盘放入后烤约20分钟，取出盛盘即可。

芙蓉味噌三文鱼

材料
三文鱼1片（约300克），嫩豆腐1/2盒，
葱10克，红辣椒1/3个，金针菇75克

调料
味噌1大匙，热开水2大匙，香油1小匙，
盐、白胡椒粉各少许

做法
1. 先将所有调料放入容器中，再用汤匙轻轻搅开，备用。
2. 嫩豆腐切成块状，备用。
3. 葱洗净切葱花；红辣椒洗净切丝；金针菇洗净去蒂后切小段，备用。
4. 将嫩豆腐块放入烤皿中，再放入洗净的三文鱼、葱花、红辣椒丝、金针菇段与调匀的调料。
5. 最后将烤皿放入已预热至上火、下火皆为200℃的烤箱中，烤约10分钟即可盛盘。

盐烤三文鱼

材料
三文鱼1片（约300克），奶油1大匙，
洋葱丝60克

调料
白酒1大匙，盐少许

做法
1. 三文鱼洗净后，用纸巾吸干，再均匀地抹上盐。
2. 取1张锡箔纸，涂上奶油，再放入处理好的三文鱼，然后铺上洋葱丝、淋入白酒，最后包紧。
3. 将包好锡箔纸的鱼肉放入已预热的烤箱中，以200℃烤约15分钟即可。

焗三文鱼

材料
三文鱼1片（约300克），鲜奶50毫升，
欧芹碎1大匙，乳酪丝适量，色拉油少许

调料
奶油白酱（做法见14页）3大匙，盐1小匙，
白酒1大匙

做法
1. 三文鱼加入鲜奶、盐和白酒腌渍约30分钟，备用。
2. 取锅加少许油烧热，再放入腌好的三文鱼煎至半熟后，盛入焗烤容器中。
3. 将奶油白酱淋入已煎的三文鱼上，再撒入欧芹碎，最后铺上乳酪丝。
4. 接着将焗烤容器放入已预热的烤箱中，以上火250℃、下火100℃烤5~10分钟，烤至三文鱼表面略上色即可（可另加入欧芹做装饰）。

胡麻酱鱼片

📋 **材料**

三文鱼1片（约300克），玉米1根，蒜30克，红辣椒1个，西蓝花80克，色拉油少许

🥄 **调料**

胡麻酱1大匙，鸡高汤3大匙，盐、白胡椒粉各少许

📝 **做法**

1. 三文鱼洗净；红辣椒与蒜均洗净切末；玉米对半切；西蓝花洗净后修成小朵状，入沸水中烫熟后捞出，备用。

2. 将红辣椒末、蒜末加入所有调料混合拌匀，备用。

3. 取烤盘，铺上锡箔纸，抹上少许油，再放入洗净的三文鱼，然后涂上混匀的调料，再放入玉米段。

4. 接着将烤盘放入已预热的烤箱，以上火、下火皆为180℃烤约10分钟后，取出盛盘，最后放入烫熟的西蓝花即可。

三文鱼乳酪卷

📋 **材料**

三文鱼300克，上海青3棵，乳酪片2片，色拉油少许

🥄 **腌料**

米酒1大匙，盐、胡椒粉各1/2小匙，淀粉1小匙

📝 **做法**

1. 三文鱼洗净后，平均切成12片，再加入所有腌料拌匀、腌渍10分钟至入味，备用。

2. 上海青洗净，取大片的菜叶用盐水泡软；乳酪片平均切成12小片，备用。

3. 取2片腌好的三文鱼片，中间夹入2小片乳酪片，再用泡软的上海青叶子包卷起来，封口朝下，即成三文鱼乳酪卷。其余三文鱼乳酪卷照此操作。

4. 烤箱预热至220℃，将三文鱼乳酪卷放在抹有油的锡箔纸上包起来，再将其放入烤箱烤约10分钟后，取出盛盘，最后淋上少许流出的乳酪汁即可。

盐焗鲜鱼头

材料

三文鱼鱼头1个，茭白100克，西红柿片120克，柠檬角80克，生菜叶1片，色拉油少许

调料

胡椒盐少许，香油1小匙

做法

① 三文鱼鱼头洗净后擦干，备用。

② 茭白去壳后斜切成段状，备用。

③ 取烤盘，铺上锡箔纸，抹上少许油，放入处理好的三文鱼鱼头，再放入茭白段及所有调料。

④ 接着将烤盘放入已预热至上火、下火皆为180℃的烤箱中烤约30分钟，期间每隔5分钟将鱼头翻面一次，蔬菜若烤软可先取出。

⑤ 最后将烤好的三文鱼鱼头放入以生菜叶铺底的盘中，再搭配烤好的茭白，以西红柿片和柠檬角做装饰即可。

味噌油鱼

材料

油鱼2片（约200克），姜泥1小匙，熟白芝麻适量

调料

味噌2大匙，米酒1大匙，酱油1小匙，甘草粉1/2小匙，白糖1大匙

做法

① 取一容器，放入姜泥及所有调料拌匀后，即为味噌腌酱，备用。

② 油鱼洗净，用纸巾将鱼身擦干后，再均匀涂抹上味噌腌酱，然后放入冰箱冷藏、腌渍1天（最少需腌渍1天）。

③ 取出腌好的油鱼，将表面多余的味噌腌酱擦掉，然后平铺于烤盘上，再将烤盘放入已预热的烤箱中，以上火、下火皆为200℃烤约7分钟，最后取出撒上熟白芝麻即可。

美味应用 味噌很容易烤焦，所以用味噌腌渍的鱼在放入烤箱之前，一定要先将鱼表面味噌擦干净，或用水洗干净，这样鱼才不会烤焦。

柠香虱目鱼肚

材料

虱目鱼肚1片（约300克），小西红柿1个，柠檬片80克，生菜叶1片，色拉油少许

调料

奶油1大匙，柠檬汁1小匙，橄榄油1大匙，盐、黑胡椒粉各少许

做法

1. 先将虱目鱼肚洗净，再用纸巾吸干，备用。
2. 将生菜叶洗净、擦干，备用。
3. 取烤盘，铺上锡箔纸，抹上少许油，放入处理好的虱目鱼肚，再加入所有调料。
4. 接着将烤盘放入已预热的烤箱中，以上火、下火皆为180℃烤约20分钟，期间每5分钟将鱼翻面一次，以免烤至焦黑。
5. 将洗净的生菜叶铺在盘底，再放入烤好的虱目鱼肚，最后放入柠檬片、小西红柿做装饰即可。

酱笋虱目鱼

材料

虱目鱼块200克，酱笋丁30克，姜丝10克，蒜末、葱丝、红辣椒丝各5克

调料

白糖1小匙，米酒、酱油各1大匙，水160毫升

做法

1. 虱目鱼块洗净、沥干，备用。
2. 取1张锡箔纸，将其四角折起，备用。
3. 将洗净的虱目鱼块放入折好的锡箔纸中，再加入酱笋丁、蒜末、姜丝与所有调料，然后将锡箔纸包好，封口捏紧。
4. 将已包好锡箔纸的鱼肉放入已预热的烤箱中，以180℃烤约20分钟。
5. 最后取出，撒上葱丝、红辣椒丝即可。

茄汁鲷鱼

材料

鲷鱼	1片（约200克）
西红柿	1个
罗勒末	适量
红辣椒末	1大匙

腌料

米酒	1大匙
盐	1/2小匙
胡椒粉	1/2小匙
淀粉	1小匙

酱料

番茄酱	2大匙
香油	1/2小匙
酱油	1小匙
白糖	1小匙
高汤	1大匙
淀粉	1小匙
欧芹碎	1小匙

做法

1. 鲷鱼切片，加入所有腌料拌匀、腌渍10分钟至入味，备用。
2. 用刀在西红柿表面划十字，再放入已预热的烤箱，以上火、下火皆为220℃烤2分钟后取出，去皮切小丁，备用。
3. 将所有酱料混合拌匀，备用。
4. 烤箱预热至220℃，取烤盘，铺上锡箔纸，放入烤熟的西红柿丁，再铺上腌好的鲷鱼片，然后淋上酱料，接着将烤盘送入烤箱烤约10分钟，期间需翻拌一下，使鲷鱼片均匀入味。
5. 最后取出盛盘，撒上罗勒末、红辣椒末即可。

奶油柠檬鱼下巴

材料

鲷鱼下巴3个，玉米笋5根，柠檬片80克，
土豆1个，蒜末1小匙，色拉油少许

调料

奶油1大匙，香油1小匙，盐、白胡椒粉各少许

做法

① 鲷鱼下巴洗净，备用。

② 玉米笋洗净去蒂；土豆去皮后用锡箔纸包
好，备用。

③ 取烤盘，铺上锡箔纸，抹上少许油，放入
洗净的鲷鱼下巴、包好的土豆及玉米笋，
再加入蒜末及所有调料拌匀。

④ 接着将烤盘放入已预热的烤箱，以上火、
下火皆为200℃烤25分钟，期间每隔3分钟
将鲷鱼下巴和玉米笋翻面一次。

⑤ 最后取出盛盘，以柠檬片做装饰即可。

韩式辣味鲷鱼

材料

鲷鱼片300克，韩式泡菜（带汁）50克，
芦笋60克

做法

① 将韩式泡菜汁倒出，再将泡菜本身的汤汁
挤出，然后将鲷鱼片加入泡菜汁中拌匀、
腌渍约3分钟，备用。

② 芦笋削去底部粗皮，洗净备用。

③ 烤箱预热至180℃，将腌好的鲷鱼片、泡菜
及芦笋放入烤盘，再将烤盘放入烤箱，烤
约8分钟至熟。

④ 最后取出盛盘时，先铺上烤熟的芦笋，再
摆上烤熟的鲷鱼片及泡菜即可。

柠檬鲷鱼

材料
鲷鱼2片（约400克），柠檬汁10毫升，
面粉1大匙，色拉油适量

调料
蛋黄酱50克，蛋黄20克

做法
① 鲷鱼片加入柠檬汁拌匀、腌渍2分钟后，取出均匀沾上面粉，备用。
② 取平底锅，倒入少许油加热后，放入沾有面粉的鲷鱼片煎熟，再盛入烤盘中。
③ 然后淋上混合拌匀的调料，接着将烤盘放入已预热的烤箱中，以上火250℃、下火150℃烤约5分钟至鱼片表面呈金黄色即可。

柠汁西柚焗鲷鱼

材料
鲷鱼片200克，乳酪丝50克，红甜椒末少许，
色拉油少许，面粉1/2大匙

调料
柠檬汁10毫升，西柚汁20毫升

做法
① 将柠檬汁、西柚汁、面粉拌匀成面衣。
② 将鲷鱼片均匀沾裹上面衣，备用。
③ 热锅加油，将裹有面衣的鲷鱼片放入，以小火煎熟后起锅，装入烤盘中，再摆上乳酪丝。
④ 接着将烤盘放入已预热的烤箱中，以上火250℃、下火150℃烤约2分钟至鱼片表面呈金黄色。
⑤ 最后撒上少许红甜椒末做装饰即可。

土豆鱼饼

材料

鲷鱼	1片（约200克）
土豆	2个
洋葱	120克
蒜	2瓣
香菜	20克
鸡蛋	1个
面粉	1大匙
生菜叶	2片
西红柿片	4片
色拉油	少许

调料

盐	少许
白胡椒粉	少许
肉桂粉	少许
香油	1小匙

做法

1. 先将土豆刨去皮，再刨成粗丝状；洋葱、蒜和香菜都洗净切末；鸡蛋打散搅匀，备用。
2. 鲷鱼洗净后切成小丁状，备用。
3. 将土豆丝、洋葱末、蒜末、香菜末、鲷鱼丁、鸡蛋液、面粉放入容器中，再加入所有调料拌匀后，做成3个圆饼状的鱼饼。
4. 取烤盘，铺上锡箔纸，抹上少许油，再放入鱼饼，接着将烤盘放入已预热至上火、下火皆为180℃的烤箱中烤约15分钟，期间每隔3分钟将鱼饼翻面一次。
5. 待鱼饼烤至上色后取出盛盘，再以生菜叶和西红柿片做装饰即可。

咖喱酱焗鱼条

材料
鲷鱼1片（约200克），红甜椒1/3个，葱10克，胡萝卜1/3根，鸡高汤100毫升

调料
咖喱粉1小匙，鲜奶1大匙，盐、黑胡椒粉各少许

做法
1. 将鸡高汤及所有调料放入容器中搅拌均匀，即成酱汁，备用。
2. 鲷鱼、红甜椒、胡萝卜均洗净切成小条状；葱洗净切段，备用。
3. 取烤皿，放入鲷鱼条、红甜椒条、胡萝卜条、葱段，再加入调好的酱汁充分拌匀。
4. 接着将烤皿放入已预热的烤箱，以上火、下火皆为200℃烤约15分钟即可。

柠檬胡椒烤香鱼

材料
香鱼1条，柠檬120克

调料
黑胡椒粉1/4小匙，盐3大匙

做法
1. 香鱼洗净后用纸巾擦干，备用。
2. 柠檬放入榨汁机中搅打成柠檬汁，备用。
3. 烤箱预热至180℃，备用。
4. 取烤盘，撒入盐铺底，再放入洗净的香鱼。
5. 接着将烤盘放入已预热的烤箱中烤约15分钟至熟。
6. 取出香鱼，食用前撒上黑胡椒粉、挤上柠檬汁即可（可另摆入柠檬块做装饰）。

蒜味大丁香鱼

材料
大丁香鱼200克，蒜3瓣，红辣椒1个，
姜20克，葱10克，蒜泥1小匙

调料
黄豆酱1大匙，香油1小匙，盐、白胡椒粉各少许

做法
1. 将大丁香鱼洗净、沥干，备用。
2. 蒜、红辣椒、姜均洗净切片；葱洗净切段，
   备用。
3. 取烤盘，铺上锡箔纸，放入洗净的大丁香
   鱼，再放入蒜片、红辣椒片、姜片、葱段、
   蒜泥及所有调料。
4. 接着将烤盘放入已预热的烤箱中，以上火、
   下火皆为200℃烤约15分钟，期间每隔5分
   钟将大丁香鱼翻动一次，最后取出盛盘。

风味香鱼

材料
香鱼2条，蒜末20克，姜末10克，
红辣椒末、葱花各5克，色拉油约2大匙

调料
沙茶酱2大匙，酱油、米酒各1大匙，水50毫升，
白糖1/2小匙

做法
1. 香鱼洗净，从鱼腹部剖开至背部（不需要整
   个切断），再摊开呈蝴蝶状，放入烤盘。
2. 取锅加热，倒入约2大匙油，放入蒜末、姜
   末、红辣椒末及沙茶酱、酱油以小火炒香，
   再加入水、米酒及白糖，煮至沸腾后，全部
   淋在处理好的香鱼上。
3. 接着将烤盘放入已预热的烤箱中，以上火、
   下火皆为250℃烤约10分钟至熟后，取出撒
   上葱花即可。

五味鱼片

材料
舫鱼片1片（约300克），西蓝花80克，
小西红柿3个，色拉油少许

调料
五味酱2大匙，香菜碎1小匙，米酒1小匙

做法
1. 舫鱼片洗净，备用。
2. 西蓝花洗净修成小朵状；小西红柿洗净对
   切，备用。
3. 取烤盘，铺上锡箔纸，抹上少许油，放入
   处理好的舫鱼片，再放入西蓝花、小西红
   柿块及所有调料。
4. 接着将烤盘放入已预热至上火、下火皆为
   200℃的烤箱中烤约15分钟。
5. 最后将烤好的舫鱼片盛盘，再搭配烤好的
   蔬菜即可。

西式白酱鱼片

材料
舫鱼片1片（约300克），姜10克，胡萝卜20克，
鲜香菇2朵，葱10克，色拉油少许

调料
面粉、奶油各1大匙，水1/3杯，白酒1大匙，
盐、黑胡椒粉、西式综合香料各少许

做法
1. 将所有调料放入锅中，以中火煮开、调匀
   成白酱，备用。
2. 舫鱼片洗净，备用。
3. 姜洗净切丝；胡萝卜、香菇、葱都洗净切成
   片状，备用。
4. 取烤盘，铺上锡箔纸，抹上少许油，再放入
   洗净的舫鱼片，然后铺上姜丝、胡萝卜片、
   香菇片、葱片和白酱。
5. 接着将烤盘放入已预热的烤箱中，以上
   火、下火皆为190℃烤约15分钟即可。

烤秋刀鱼

材料

秋刀鱼	3条
白芝麻	1小匙
柠檬	1个
蒜	3瓣
色拉油	少许

腌料

米酒	1大匙
盐	1小匙
胡椒粉	1/2小匙
柠檬汁	1小匙

做法

1. 秋刀鱼洗净；柠檬放入榨汁机中搅打成柠檬汁。
2. 蒜先用刀拍过，再与所有腌料拌匀成腌酱，备用。
3. 将洗净的秋刀鱼放入腌酱中腌渍10分钟，备用。
4. 烤箱预热至220℃，取烤盘，铺上锡箔纸，抹少许色拉油，再摆入腌好的秋刀鱼，然后撒入白芝麻。
5. 接着将烤盘放入烤箱烤约12分钟，待秋刀鱼颜色变黄后，即可取出。
6. 食用前淋上柠檬汁，味道会更佳。

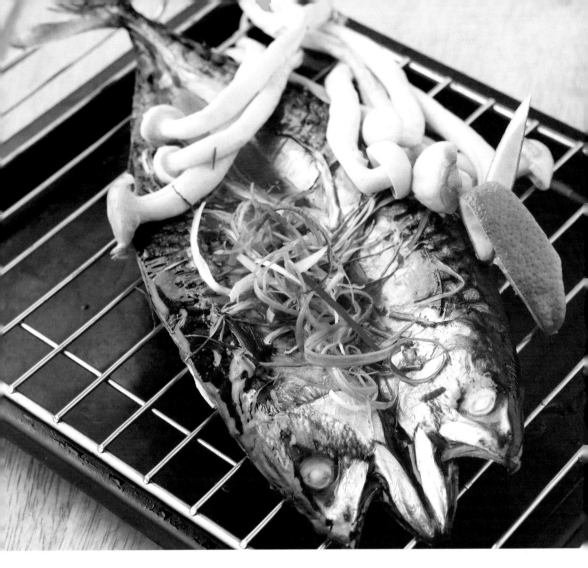

泰式鲜菇鲭鱼

材料

鲭鱼	2条
蟹味菇	50克
葱	10克
红辣椒	1个
柠檬角	1个（约20克）
色拉油	少许

调料

泰式甜鸡酱	1大匙
柠檬汁	1小匙
香油	1小匙
黑胡椒粉	少许

做法

1. 鲭鱼洗净，备用。
2. 红辣椒与葱均洗净切细丝，备用。
3. 取烤盘，铺上锡箔纸，抹上少许油，再放入洗净的鲭鱼摊平，加入红辣椒丝、葱丝、蟹味菇及所有调料。
4. 接着将烤盘放入已预热至上火、下火皆为180℃的烤箱中烤约15分钟。
5. 最后取出盛盘，以柠檬角做装饰即可。

蒜蓉虾

材料

鲜虾300克，蒜末15克，葱末、红辣椒末各5克

调料

盐、白胡椒粉各少许，米酒、水各1大匙，
白糖1小匙，蚝油1/2大匙

做法

1. 鲜虾洗净后去须及头尾的尖刺，沥干后放入锡箔盘中。
2. 将蒜末、盐、米酒、白胡椒粉、白糖、水、蚝油混匀后，拌入处理好的鲜虾中，再将锡箔盘覆上保鲜膜。
3. 将覆有保鲜膜的锡箔盘放入已预热的烤箱中，以200℃烤约10分钟。
4. 再取出锡箔盘，加入葱末、红辣椒末后放回烤箱，以200℃续烤2分钟至虾颜色变红即可。

盐烤虾

材料

鲜虾300克，葱段10克，姜片5克

调料

盐3大匙，米酒1大匙

做法

1. 鲜虾洗净后去须及头尾的尖刺，沥干备用。
2. 将处理好的鲜虾加入葱段、姜片、米酒拌匀，腌约10分钟，备用。
3. 将腌好的鲜虾用竹签串好，再撒上盐，接着放入已预热的烤箱，以200℃烤约10分钟，装盘即可。

美味应用

鲜虾插入竹签，是避免虾烤熟后自动卷起。

咖喱鲜虾

材料
白虾300克

腌料
咖喱粉1大匙，酱油1/2小匙，
白糖、白胡椒各1/4小匙

做法
1. 白虾洗净、剪去头须，再剖开背部以去除肠泥，备用。
2. 将处理好的白虾加入所有腌料拌匀、腌渍约10分钟，备用。
3. 烤箱预热至180℃，将腌好的白虾放入锡箔盘，再将锡箔盘放入烤箱烤约5分钟后，即可取出。

咖喱豆腐鲜虾

材料
豆腐1块，鲜虾12只，蒜1瓣，洋葱末50克，
高汤100毫升，乳酪丝100克，橄榄油适量

调料
白酒1大匙，咖喱酱（做法见16页）2大匙

做法
1. 鲜虾洗净后去壳、去肠泥、去头留尾，虾背用刀切开（不要切断）；蒜切末，备用。
2. 取锅，倒入适量橄榄油烧热后，放入洋葱末、蒜末以小火炒香，再放入处理好的虾肉、白酒，转大火煮至酒精挥发。
3. 接着放入咖喱酱、高汤，转小火翻炒均匀后起锅，即为酱料，备用。
4. 取烤盘，抹上少许橄榄油，放入豆腐块，淋入酱料，再撒入乳酪丝。
5. 烤箱预热至180℃，将烤盘放入烤箱，烤10～15分钟至食物表面呈金黄色即可。

焗烤大虾

材料
草虾4只，欧芹末适量

调料
奶油白酱（做法见14页）2大匙，蛋黄20克

做法
① 将所有调料混合拌匀，备用。
② 草虾洗净沥干，剪去虾头的尖处，再从背部纵向剪开（不要完全剪断）以去除肠泥，然后排入烤盘、淋上混匀的调料。
③ 将烤盘放入已预热的烤箱，以上火250℃、下火150℃烤约5分钟至虾表面呈金黄色。
④ 最后取出，撒上欧芹末做装饰即可。

莎莎酱白虾

材料
白虾300克，西红柿碎150克，洋葱末80克，红辣椒碎、蒜末各20克，香菜碎4克，橄榄油2大匙

调料
柠檬汁2大匙，盐1/2小匙，白糖2大匙

做法
① 白虾洗净后剪去长须及脚，背部剪开去肠泥，再放于锡箔纸上，备用。
② 热锅，倒入橄榄油，放入除白虾外的所有材料，炒至西红柿碎变软后，续加入所有调料炒匀，即成莎莎酱，备用。
③ 将莎莎酱淋至处理好的虾上，再将锡箔纸包好。
④ 烤箱预热至上火、下火皆为220℃，将包好锡箔纸的虾放入烤盘中，再将烤盘送入烤箱烤约10分钟后，取出装盘即可。

韩式辣酱鲜虾

材料

白虾300克，洋葱末80克，
姜泥、葱花各10克，蒜泥20克

调料

香油、水各2大匙，韩式辣椒酱1大匙，
米酒1大匙

做法

1. 白虾洗净、剪去长须，再用刀从虾头剖至
   虾尾处（虾尾不要剖断）以去除肠泥，然
   后放至锡箔纸上，备用。
2. 洋葱末、蒜泥、姜泥、葱花及所有调料拌
   匀成酱料后，淋至处理好的白虾上。
3. 烤箱预热至上火、下火皆为220℃，将锡箔
   纸及虾放至烤盘上，再将烤盘送入烤箱，
   烤约10分钟后，取出装盘即可（可另加入
   西红柿块做装饰）。

芥末明虾

材料

明虾2只，欧芹末少许，乳酪丝20克

调料

黄芥末酱1/4小匙，蛋黄酱1大匙

做法

1. 将乳酪丝及所有调料混合拌匀成酱料。
2. 明虾从背部切开（不要切断）后挑去肠
   泥，再淋上调匀的酱料，备用。
3. 将处理好的明虾放入已预热的烤箱中，以
   上火250℃、下火150℃烤1～2分钟，烤至
   虾表面呈金黄色后取出。
4. 最后撒上少许欧芹末做装饰即可。

香料鲜虾

📋 材料
白虾300克，洋葱丝50克，蒜末20克

📋 调料
橄榄油、白葡萄酒各2大匙，白糖2小匙，
盐、黑胡椒粒各1/4小匙，意大利综合香料少许

📋 做法
1. 白虾洗净后剪去长须及脚，背部剪开去除肠泥，备用。
2. 将处理好的白虾、洋葱丝及蒜末放入容器中，再加入所有调料抓匀，备用。
3. 取1张锡箔纸铺平，放入上一步抓匀的材料，再将锡箔纸包起。
4. 烤箱预热至上火、下火皆为250℃，将包好锡箔纸的虾放至烤盘上；再将烤盘送入烤箱，烤约10分钟后，取出锡箔纸，打开装盘即可（可另加入香菜叶做装饰）。

鳄梨鲜虾

📋 材料
鳄梨1个，鲜虾12只，奶油1大匙，蒜末10克，
洋葱末50克，高汤100毫升，乳酪丝100克

📋 调料
奶油白酱（做法见14页）2大匙，白酒1大匙

📋 做法
1. 鳄梨洗净、去籽、切片；鲜虾去壳、去肠泥，洗净备用。
2. 取平底锅，将奶油放入锅中以小火煮至融化后，放入蒜末炒香，再加入洋葱末炒软，接着放入处理好的鲜虾、白酒，转大火让酒精挥发。
3. 然后将鳄梨片、奶油白酱、高汤放入锅中，转小火翻炒均匀后，全部倒入烤盘中，最后撒上一层乳酪丝。
4. 烤箱预热至180℃，将烤盘放入烤箱，烤10～15分钟至食物表面呈金黄色即可。

蛤蜊丝瓜

材料
丝瓜、蛤蜊各300克，金针菇80克，
蒜末、姜丝各5克

调料
胡椒粉少许，盐1/2小匙，米酒1/2大匙，
奶油10克

做法
1. 丝瓜洗净，去皮后切成块状；蛤蜊浸泡冷水中吐沙；金针菇去掉头的部分，洗净备用。
2. 将丝瓜块、蛤蜊及金针菇、蒜末、姜丝放入锡箔盒中。
3. 再将所有调料放入锡箔盒中，然后用锡箔纸覆好，封口捏紧。
4. 最后将锡箔盒放入已经预热的烤箱中，以上下火皆为180℃烤约25分钟即可。

盐味大蛤蜊

材料
大蛤蜊300克，粗盐5大匙

做法
1. 大蛤蜊浸泡清水中吐沙，待吐沙完全后取出沥干，备用。
2. 将粗盐平铺于烤盘上，再摆上吐沙完全的大蛤蜊。
3. 烤箱预热至180℃，将烤盘放入烤箱，烤约5分钟至熟即可。

美味应用

蛤蜊烤熟后壳会打开，鲜美的汤汁就会流失，为了避免这种情况发生，要先切断蛤蜊的韧带。在靠近蛤蜊较小的那头，壳的接缝处会有个突起来的小点，利用刀尖插入这个小点中，左右轻轻撬一下，就可以切断蛤蜊的韧带，但是千万要小心，以免划伤自己。

蛤蜊奶油铝烧

材料

蛤蜊	200克
土豆	2个（约300克）
培根	40克
葱花	适量
奶油	30克

调料

盐	适量
黑胡椒	适量
白酒	20毫升

做法

① 土豆洗净后，带皮放入微波炉加热约8分钟，取出后剥皮，切成约1厘米厚的圆片，备用。

② 蛤蜊洗净；培根切成约3厘米长的段状；取15克奶油切小块状，备用。

③ 取2张锡箔纸交叉叠放成十字形，在最上面一层的中间均匀地抹上少许奶油，再将土豆片放入。

④ 然后放上洗净的蛤蜊、培根段、奶油块、剩余奶油、葱花及所有调料，将锡箔纸包好，放入已预热的烤箱中，以上下火皆为200℃烤约20分钟即可。

蒜酥鲜蚵

材料
牡蛎300克，蒜酥5克，葱花20克，
红辣椒末15克

调料
蚝油、米酒各2大匙，白糖1小匙

做法
1. 牡蛎洗净后入沸水中余烫10秒，取出冲凉、沥干，再放入焗烤碗中，备用。
2. 蒜酥、葱花、红辣椒末及所有调料拌匀成酱料，备用。
3. 烤箱预热至上火、下火皆为250℃，将拌匀的酱料淋至牡蛎上，再将焗烤碗放入烤箱，烤约8分钟至牡蛎熟透后，取出装盘即可。

奶油螃蟹

材料
螃蟹1只，洋葱丝20克，葱段10克

调料
米酒1大匙，盐1/4小匙，奶油1大匙

做法
1. 螃蟹洗净后切大块，备用。
2. 将锡箔纸铺平，放入葱段、洋葱丝，再放入洗净的螃蟹块及所有调料包起，备用。
3. 烤箱预热至180℃，将包好锡箔纸的蟹肉放入烤箱，烤约15分钟后，取出即可。

美味应用　公蟹在秋季肉质较肥美，母蟹则是冬季较好吃，所以做这道菜时可根据季节选购肉质较好的螃蟹，或者单买肉质较多的蟹脚代替。通常会加入洋葱、葱段一起烤，以达到去腥的作用。

蒜香田螺

🍲 材料
田螺（罐头）	18颗
乳酪丝	100克
水	适量

🫙 调料
蒜香黑胡椒酱	适量

🍳 做法
1. 取深锅，倒入适量的水以大火煮至沸腾后，将田螺放入汆烫约10秒，捞出备用。
2. 将汆烫后的田螺放入烤盘中，再淋上蒜香黑胡椒酱，然后撒上一层乳酪丝。
3. 烤箱预热至上火、下火皆为180℃后，将烤盘放入烤箱，烤10～15分钟至田螺表面呈金黄色后取出。

蒜香黑胡椒酱

材料
奶油、玉米粉各1大匙，蒜末30克，红葱头末50克，高汤500毫升，水1大匙

调料
黑胡椒粒20克，匈牙利红椒粉5克，盐适量

做法
1. 取深锅，放入奶油，以小火煮至融化后，放入蒜末、红葱头末炒香，再放入黑胡椒粒、匈牙利红椒粉翻炒均匀，接着加入高汤煮20分钟。
2. 玉米粉加水搅拌均匀后，倒入锅中勾芡，最后加盐调味即可。

五彩烤干贝

材料
新鲜干贝12个，新鲜香菇3朵，青椒1/4个，
洋葱60克，奶油30克，面包粉1大匙，
红辣椒末、蒜末各1大匙

腌料
白酒1大匙，盐1小匙，白胡椒粉适量

做法
1. 干贝洗净，加入所有腌料腌渍10分钟。
2. 奶油切小丁，备用。
3. 新鲜香菇、青椒、洋葱分别洗净、切丝后，
   铺在锡箔纸上，再放入腌好的干贝及奶油
   丁，撒上面包粉、红辣椒末、蒜末，最后将
   锡箔纸包起来。
4. 烤箱预热至上火、下火皆为220℃，将包好
   锡箔纸的干贝肉送入烤箱，烤约5分钟至面
   包粉呈金黄色即可。

香焗干贝

材料
鲜干贝6个，乳酪丝20克，新鲜罗勒少许，
欧芹末1/4小匙

做法
1. 将鲜干贝洗净，放入焗烤容器中，再加入
   欧芹末拌匀，然后放入乳酪丝，备用。
2. 将焗烤容器放入已预热的烤箱，以上火
   300℃、下火150℃烤1～2分钟至干贝表面
   呈金黄色。
3. 最后盛盘时放入新鲜罗勒做装饰即可。

蒜味奶油焗烤扇贝

🦐 **材料**

扇贝3个，欧芹末少许，乳酪丝20克，
蒜末1/2小匙

🍶 **调料**

植物性鲜奶油20克

🍴 **做法**

① 扇贝放入沸水中汆烫约1分钟后，捞出盛入
烤盘，备用。

② 将乳酪丝、蒜末、植物性鲜奶油加热拌匀
后，淋在汆烫后的扇贝上。

③ 再将烤盘放入已预热的烤箱，以上火200℃、
下火150℃烤约6分钟，烤至扇贝表面呈金黄
色后取出。

④ 最后撒上少许欧芹末做装饰即可。

青酱焗烤扇贝

🦐 **材料**

扇贝6个，乳酪丝30克，面包粉1大匙

🍶 **调料**

青酱（做法见15页）2大匙

🍴 **做法**

① 扇贝略冲水洗净、沥干，放至烤盘上，再
淋上青酱，撒上乳酪丝、面包粉。

② 接着将烤盘放入已预热的烤箱中，以上火
180℃、下火150℃烤约10分钟。

③ 烤至乳酪丝融化成金黄色，取出即可。

意式什锦海鲜

材料
扇贝3个，鲷鱼1片（约300克），草虾5只，小西红柿5个，黑橄榄5颗

调料
百里香适量，盐、黑胡椒各少许，白醋1小匙，橄榄油2大匙

做法

1. 扇贝洗净；鲷鱼洗净切片；草虾洗净去肠泥，备用。
2. 黑橄榄洗净对切；小西红柿洗净切半，备用。
3. 取烤盘，铺上锡箔纸，放入洗净的扇贝、鲷鱼片、草虾、黑橄榄、小西红柿块，再加入所有调料拌匀。
4. 接着将烤盘放入已预热至上火、下火皆为200℃的烤箱中烤约20分钟，取出即可。

蒜香海鲜

材料
鲷鱼片、墨鱼圈各100克，蛤蜊6个，白虾4只，蒜末1/2大匙，罗勒叶适量

调料
盐1/4小匙，米酒1/2大匙

做法

1. 鲷鱼片洗净，切成适当大小的片状；蛤蜊泡水吐沙；白虾洗净，去头、去壳后留尾，备用。
2. 取1张锡箔纸，放入鲷鱼片、吐沙完全的蛤蜊、处理好的白虾及墨鱼圈、蒜末，再加入所有调料，然后将锡箔纸包起，备用。
3. 烤箱预热至180℃，将包好锡箔纸的海鲜放入烤箱，烤约5分钟至熟后取出。
4. 打开锡箔纸，加入罗勒叶，再包上锡箔纸闷一下，至罗勒叶变软即可。

PART 3

酸甜可口的
焗烤美食

　　蔬菜类食材在焗烤过程中容易变色，直接烤后的口感较为干涩，因此大多用锡箔纸包裹后再放入烤箱烤，这样可锁住水分。其他如鸡蛋、豆腐、水果类食材，也可先用锡箔纸包裹后再烘烤。但是喜欢焦脆口感的人，可在食物烤熟后打开锡箔纸，再送入烤箱烤3~5分钟，至食材外表金黄酥脆即可。

奶油焗烤白菜

材料
大白菜200克，鲜香菇10克，
蟹味棒、乳酪丝各30克

调料
奶油白酱（做法见14页）3大匙

做法
1. 大白菜洗净沥干后剥成片状，再放入沸水中氽烫至熟后，捞起沥干，备用。
2. 鲜香菇洗净沥干、去蒂切片状，放入沸水中氽烫至熟后，捞起沥干，备用。
3. 将烫熟的大白菜片、香菇片和奶油白酱混合拌匀后，盛入焗烤容器中，再放入蟹味棒，撒上乳酪丝。
4. 接着将焗烤容器放入已预热的烤箱中，以上火、下火皆为180℃烤约10分钟，烤至表面呈金黄色后，取出即可（可另撒入欧芹末做装饰）。

椰奶鸡焗白菜

材料
鸡腿肉约300克，大白菜180克，葱、姜各10克，
鲜香菇2朵，蒜2瓣，胡萝卜20克，乳酪丝30克，
色拉油1大匙

调料
椰奶100毫升，鸡精1小匙，香油1小匙，
盐、白胡椒粉各少许，奶油20克

做法
1. 鸡腿肉洗净，切大块、稍氽烫，备用。
2. 大白菜洗净沥干后，切成大块状；葱洗净切段；姜、鲜香菇、蒜、胡萝卜均洗净切成片状。
3. 取锅，倒入色拉油烧热后，放入上述处理好的材料及调料，转小火煮15分钟。
4. 烤箱先预热至上火、下火皆为200℃，将上一步煮好的食材盛入烤皿中，再撒上乳酪丝；接着放入烤箱烤约10分钟至乳酪丝融化、上色后取出（可另放入红辣椒片、香菜做装饰）。

蒜味圆白菜

🍲 **材料**
圆白菜300克，胡萝卜20克，蒜末10克

🍶 **调料**
盐1/4小匙，XO酱1大匙，水50毫升

🍳 **做法**
① 圆白菜洗净后切块；胡萝卜洗净后切片，改花刀，备用。
② 将圆白菜块、胡萝卜片及蒜末放入锡箔纸中，再加入盐略微搅拌后加水，然后将锡箔纸包好，封口捏紧。
③ 接着将包好锡箔纸的蔬菜放入已预热的烤箱中，以上火、下火皆为180℃烤约15分钟。
④ 最后取出、打开锡箔纸，加入XO酱略拌即可。

馅烤圆白菜

🍲 **材料**
小圆白菜200克，红甜椒20克，
黄甜椒、鲜香菇各10克

🍶 **调料**
盐、白胡椒粉各1/4小匙，香油1/2小匙

🍳 **做法**
① 圆白菜挖除底部梗心后洗净，备用。
② 红甜椒、黄甜椒、鲜香菇均洗净、切粗丁，备用。
③ 将红甜椒丁、黄甜椒丁、香菇丁混合拌匀后，加入所有调料拌匀成馅料，备用。
④ 将馅料填入圆白菜底部缺口中，再以锡箔纸将整个圆白菜包住。
⑤ 烤箱预热至上火、下火皆为200℃后，将包好锡箔纸的圆白菜放入烤箱烤约10分钟即可。

味噌酱圆白菜

材料
圆白菜200克，胡萝卜20克，鲜香菇2朵，
乳酪丝30克

调料
味噌2大匙，白糖1大匙，香油1小匙，
米酒1大匙，水3大匙

做法
1. 圆白菜洗净切成大块状；胡萝卜、鲜香菇均洗净切片；葱洗净切段，备用。
2. 将所有调料搅拌均匀，备用。
3. 将圆白菜块、胡萝卜片、香菇片、葱段放入烤皿中，再淋上拌匀的调料，然后撒上乳酪丝。
4. 烤箱预热至上火、下火皆为180℃，将烤皿放入烤箱，烤约10分钟至乳酪丝融化、上色即可。

香葱菜花

材料
菜花250克，秀珍菇50克，葱段20克，
蒜末、虾米各5克，水100毫升，奶油1大匙

调料
盐1/4小匙，胡椒粉、乳酪粉各少许

做法
1. 菜花洗净后切小朵；虾米泡水至软，备用。
2. 将切好的菜花、秀珍菇放入锡箔纸中，再加入水，然后将锡箔纸包好，捏紧缺口。
3. 将包好锡箔纸的蔬菜放入已预热的烤箱中，以上火、下火皆为180℃烤约15分钟。
4. 取出锡箔纸后打开，加入泡软的虾米、奶油、蒜末、葱段，再放入烤箱烤5分钟后，取出加入胡椒粉、盐、乳酪粉略拌，续烤10分钟即可。

椰奶咖喱西蓝花

材料
西蓝花300克，红甜椒、黄甜椒各50克，
鲜香菇30克，红辣椒末、蒜末各10克

调料
盐1/6小匙，红咖喱酱1大匙，
椰奶、水各2大匙，色拉油1小匙

做法
1. 西蓝花切小朵后洗净；红甜椒、黄甜椒及鲜香菇洗净后切小片；红辣椒末、蒜末及所有调料拌匀，即成酱汁，备用。
2. 取1张锡箔纸铺平，放入西蓝花、红甜椒片、黄甜椒片及鲜香菇片，淋上调好的酱汁，再包好锡箔纸。
3. 烤箱预热至上火、下火皆为250℃，将包好锡箔纸的蔬菜放置烤盘上；再将烤盘送入烤箱，烤约5分钟后，取出打开锡箔纸，将食物装盘即可。

焗烤西蓝花

材料
西蓝花200克，菜花150克，小胡萝卜20克

调料
蛋黄酱50克，蛋黄20克

做法
1. 西蓝花、菜花洗净沥干后，均切成小朵状；小胡萝卜洗净沥干，备用。
2. 将洗净的西蓝花、菜花、小胡萝卜放入沸水中汆烫至熟后，捞起沥干，备用。
3. 将所有调料混合拌匀后，装入挤花袋中，备用。
4. 将汆烫后的西蓝花、菜花、小胡萝卜全部放入焗烤容器中，再以画线条的方式将混匀的调料挤在食材上；接着将焗烤容器放入已预热的烤箱中，以上火250℃、下火100℃烤约5分钟至食物表面略呈金黄色即可。

培根蔬菜卷

材料
培根片10片，芦笋、山药各100克，
鲜香菇80克，红甜椒1个

调料
胡椒盐少许

做法
1. 芦笋洗净切段；山药去皮切条；鲜香菇洗净切条；红甜椒洗净去籽后切长条，备用。
2. 在培根片上排入芦笋段、山药条、鲜香菇条、红甜椒条，撒入胡椒盐，再将培根片卷成一束，最后用牙签固定。
3. 将做好的培根蔬菜卷置于烤架上，再将烤架放入已预热的烤箱中，以180℃烤约15分钟即可。

焗烤培根菠菜

材料
培根50克，菠菜200克，奶油1大匙，
蒜末10克，高汤100毫升，乳酪丝100克

调料
奶油白酱（做法见14页）2大匙

做法
1. 培根切丝；菠菜洗净后切小段，备用。
2. 取平底锅，放入奶油以小火煮至融化后，放入蒜末炒香，再加入培根丝炒成焦黄色。
3. 然后将奶油白酱、高汤及菠菜段放入锅中翻炒均匀后，全部倒入烤盘中；再撒上一层乳酪丝，即为焗烤培根菠菜半成品。
4. 烤箱预热至上火、下火皆为180℃，将焗烤培根菠菜半成品放入烤箱中，烤10～15分钟至食物表面呈金黄色即可。

洋葱蘑菇烤丝瓜

材料
丝瓜200克，乳酪丝50克

调料
洋葱蘑菇酱（做法见121页）2大匙

做法
① 丝瓜洗净，去皮、去籽后，切成条状，备用。
② 将丝瓜条放入沸水中氽烫至熟后，捞起沥干，备用。
③ 将烫熟的丝瓜条和洋葱蘑菇酱混合拌匀后，装入焗烤容器中，再放入乳酪丝。
④ 将焗烤容器放入已预热的烤箱中，以上火250℃、下火100℃烤约5分钟至食物表面呈金黄色即可。

奶油焗烤丝瓜

材料
丝瓜片200克，乳酪丝50克

调料
盐1/4小匙

做法
① 丝瓜片洗净，备用。
② 将洗净的丝瓜片放入沸水中氽烫约2分钟至熟后，捞起沥干，备用。
③ 将沥干后的丝瓜片放入焗烤盘中，再加入盐拌匀。
④ 然后摆上乳酪丝，备用。
⑤ 接着将焗烤盘放入已预热的烤箱中，以上火250℃、下火100℃烤约3分钟至食物表面呈金黄色即可。

肉丝箭笋

📋 材料
箭笋200克，猪肉丝50克，姜丝5克，
蒜末20克，葱丝适量

🍶 调料
辣豆瓣酱2大匙，酱油、香油、米酒各1小匙，
白糖、淀粉各1/2小匙

🍴 做法
1. 箭笋洗净后切段；猪肉丝入沸水中稍汆烫后，捞出沥干，备用。
2. 将箭笋段、汆烫后的猪肉丝、蒜末、姜丝放入盆中，再加入所有调料抓匀，全部倒入锡箔纸上，最后将锡箔纸包起，备用。
3. 烤箱预热至上火、下火皆为250℃，将包好锡箔纸的食材放置烤盘上，再将烤盘送入烤箱烤约10分钟；然后取出、打开锡箔纸，再放入烤箱烤约5分钟至有微焦香味散出后取出装盘，放上葱丝做装饰即可。

豉汁箭笋

📋 材料
箭笋200克，葱10克，蒜2瓣，红辣椒1/2个

🍶 调料
豆豉1大匙，辣豆瓣酱、白糖各1小匙，
香油、辣油各1小匙

🍴 做法
1. 箭笋洗净后沥干，备用。
2. 葱洗净切段；蒜与红辣椒均洗净切片，备用。
3. 豆豉洗净、泡水去除盐味后，沥干备用。
4. 取烤盘，铺上锡箔纸，将箭笋、葱段、蒜片、红辣椒片、豆豉放入烤盘中，再加入其余调料拌匀。
5. 接着将烤盘放入已预热至上火、下火皆为180℃的烤箱中，烤约15分钟即可。

味噌焗竹笋

材料
带壳竹笋3个（约200克），乳酪丝适量

调料
味噌80克，味醂30毫升，蛋黄酱15克

做法

1. 带壳竹笋洗净后，放入沸水中煮20～30分钟，然后捞起沥干、对切、挖出竹笋肉，将竹笋肉切成小块状后，再放回笋壳中。

2. 将味噌、味醂和蛋黄酱混合拌匀后，装入塑料袋中绑紧，再将塑料袋剪出一个小口，便于挤出适量混匀的调料于竹笋肉块上，再撒上乳酪丝，备用。

3. 接着放入已预热的烤箱中，以上火250℃、下火100℃烤5～10分钟，烤至表面金黄上色，取出即可。

焗烤竹笋

材料
带壳竹笋1个（约60克）

调料
奶油白酱（做法见14页）2大匙，蛋黄20克

做法

1. 竹笋洗净沥干，纵向对切后，挖出竹笋肉（壳留着备用），再将竹笋肉切成小块状，备用。

2. 取锅加水，放入竹笋肉块，以小火将竹笋肉块煮熟后，捞起沥干。

3. 将煮熟的竹笋肉块和所有调料混合拌匀后，填入已挖空的笋壳中。

4. 接着放入已预热的烤箱，以上火230℃、下火100℃烤约10分钟，烤至食物表面呈金黄色后，取出即可。

蛋黄酱焗芦笋

材料
芦笋200克

调料
蛋黄酱50克，蛋黄20克

做法
① 芦笋洗净沥干后，切成约5厘米长的段状。
② 将芦笋段放入沸水中汆烫至熟后，捞起沥干，备用。
③ 将所有调料混合拌匀，备用。
④ 取烫熟后的芦笋段排入焗烤容器中，再淋入混匀的调料，然后排入剩余的芦笋段。
⑤ 接着将焗烤容器放入已预热的烤箱中，以上火180℃、下火100℃烤约5分钟，烤至食物表面呈金黄色即可。

豆腐焗芦笋

材料
芦笋100克，老豆腐1块，蒜2瓣，红甜椒1/3个，乳酪丝30克

调料
香油少许，盐、黑胡椒粉、西式香料各少许

做法
① 芦笋洗净沥干，切去老梗后切段，备用。
② 老豆腐切块；蒜、红甜椒均洗净切片，备用。
③ 取烤皿，放入芦笋段，再放入老豆腐块、蒜片、红甜椒片和所有调料，然后撒上乳酪丝。
④ 烤箱先预热至上火、下火皆为180℃，再将烤皿放入烤箱，烤约10分钟至乳酪丝融化、上色即可。

洋葱蘑菇茭白

材料

茭白	300克
胡萝卜	30克
乳酪丝	50克

调料

洋葱蘑菇酱	3大匙

做法

① 茭白切去尾部粗纤维后，洗净切滚刀块。

② 胡萝卜洗净沥干后，切滚刀块。

③ 将茭白块、胡萝卜块一起放入沸水中汆烫至熟后，捞起沥干，再盛入焗烤容器中。

④ 然后淋入洋葱蘑菇酱、撒上乳酪丝，接着将焗烤容器放入已预热的烤箱中，以上火200℃、下火100℃烤约8分钟至食物表面呈金黄色即可。

洋葱蘑菇酱

材料

奶油1大匙，蒜末10克，红葱头碎20克，蘑菇丁80克，高汤500毫升，玉米粉6大匙，水2大匙，洋葱片50克

调料

意大利香料粉5克，盐适量，番茄酱1大匙

做法

1. 玉米粉加水拌匀，即成玉米粉水，备用。

2. 取深锅，放入奶油以小火煮至融化后，放入蒜末、红葱头碎炒出香味。

3. 再放入蘑菇丁炒软，接着加入洋葱片、意大利香料粉炒香。

4. 然后放入高汤、番茄酱熬煮20分钟后，加入玉米粉水勾芡，最后加盐调味即可。

奶油金针菇

材料
金针菇400克

调料
奶油1大匙，盐1/4小匙

做法
① 金针菇洗净、切去梗部，备用。
② 取烤盘，放入处理好的金针菇及所有调料，备用。
③ 烤箱预热至上火、下火皆为180℃，将烤盘放入烤箱，烤约3分钟后，取出即可。

XO酱蟹味菇

材料
蟹味菇200克，红辣椒末5克，蒜末10克

调料
XO酱2大匙，蚝油2小匙，香油1小匙

做法
① 蟹味菇洗净，再放入沸水中汆烫5秒后，捞起沥干，备用。
② 取1张锡箔纸铺平，放入汆烫后的蟹味菇、红辣椒末、蒜末，再铺上XO酱，然后倒入蚝油、香油，最后将锡箔纸包起。
③ 烤箱预热至上火、下火皆为250℃，将包好锡箔纸的蟹味菇放入烤盘中，再将烤盘送入烤箱；烤约5分钟后，取出、打开锡箔纸，最后装盘即可（可另加入香菜叶做装饰）。

孜然杏鲍菇

🍴 **材料**

杏鲍菇200克

🫙 **调料**

盐、孜然粉各1/2小匙，白胡椒粉1/4小匙

📋 **做法**

① 杏鲍菇洗净，横切成厚约1厘米的片状，备用。

② 将所有调料混合拌匀成孜然椒盐，备用。

③ 烤箱预热至上火、下火皆为200℃，将杏鲍菇片铺至烤盘上，再将烤盘放入烤箱；烤约5分钟后，取出翻面，再放入烤箱烤约3分钟至两面微焦香。

④ 最后取出盛盘，撒上孜然椒盐即可（可另摆入葱丝做装饰）。

茄汁肉酱杏鲍菇

🍴 **材料**

杏鲍菇200克，乳酪丝30克

🫙 **调料**

茄汁肉酱（做法见16页）2大匙

📋 **做法**

① 杏鲍菇洗净沥干，纵向切厚片，备用。

② 将杏鲍菇片和茄汁肉酱混合拌匀后，装入焗烤容器中。

③ 再撒上乳酪丝，备用。

④ 接着将焗烤容器放入已预热的烤箱，以上火200℃、下火150℃烤约10分钟，烤至食物表面呈金黄色即可。

香料杏鲍菇

材料
杏鲍菇5朵，蒜末1大匙，橄榄油适量，鸡高汤30毫升，乳酪丝、面包粉、罗勒末各适量

调料
黑胡椒粒、意大利综合香料、盐各适量

做法
1. 杏鲍菇洗净后对切，备用。
2. 取锅，倒入橄榄油烧热后，放入蒜末爆香，再放入杏鲍菇块煎至金黄后，加入黑胡椒粒、意大利综合香料和盐略翻炒，接着加入鸡高汤煨煮至入味，即可盛入焗烤容器内。
3. 再撒上乳酪丝、面包粉和罗勒末，最后将焗烤容器放入已预热的烤箱中，以上火250℃、下火100℃烤5～10分钟，烤至食物表面略焦黄、上色即可。

香蒜肉酱蘑菇

材料
蘑菇250克，蒜末20克，洋葱末、葱花各30克，乳酪丝100克，肉酱1罐

调料
盐1/4小匙，白糖1/2小匙，黑胡椒粒1/6小匙，色拉油1大匙

做法
1. 蘑菇洗净后沥干、切片，与蒜末、洋葱末及所有调料混合拌匀后，装入焗烤碗中。
2. 肉酱及葱花拌匀后，铺在碗中的材料上，再撒上乳酪丝。
3. 烤箱预热至上火、下火皆为200℃，将焗烤碗放置烤盘上，再向烤盘中加入水至烤盘1/4的高度。
4. 接着将烤盘放入烤箱，烤约15分钟至食物表面金黄后，取出即可。

鲜香菇盒

材料
鲜香菇10朵,虾仁、猪肉馅、去皮荸荠各100克,
芹菜末10克,葱末5克,淀粉、乳酪粉各适量

调料
盐、鸡精各1/4小匙,白胡椒粉少许,
香油1/2大匙,淀粉1大匙

做法
1. 虾仁洗净、去肠泥后剁成泥状;荸荠拍碎
   后加入猪肉馅一起剁碎,备用。
2. 将虾泥、荸荠猪肉碎、芹菜末、葱末及所
   有调料混合搅拌均匀,制成内馅,备用。
3. 鲜香菇洗净、沥干后去蒂,先抹上淀粉,
   再填入内馅、撒入乳酪粉;接着置于烤架
   上,再将烤架放入已预热的烤箱中,以上
   火、下火皆为190℃烤约20分钟即可。

奶油鲜菇

材料
蟹味菇、蘑菇、秀珍菇、金针菇各50克,
洋葱丝30克,红甜椒丝、黄甜椒丝各15克,
蒜末10克,水100毫升,奶油、乳酪丝各20克

调料
盐、黑胡椒各少许

做法
1. 蟹味菇洗净、去根;蘑菇洗净、切片;金
   针菇洗净后去梗部,备用。
2. 将所有材料放入锡箔盒中,再加入所有调
   料拌匀,最后覆上锡箔纸。
3. 接着将锡箔盒放入已预热的烤箱中,以上
   火、下火皆为200℃烤约20分钟即可。

什锦鲜菇

🍲 材料

杏鲍菇	50克
新鲜香菇	50克
白色蟹味菇	50克
秀珍菇	50克
金针菇	30克
蒜末	1大匙
洋葱末	1大匙
橄榄油	适量
冷开水	少许
乳酪丝	适量

🧂 调料

意大利综合香料	适量
粗黑胡椒粉	适量
盐	1/4小匙
乳酪粉	适量

🍳 做法

1. 杏鲍菇洗净后切滚刀块；新鲜香菇洗净后切成十字花状；白色蟹味菇洗净后切去蒂头；秀珍菇洗净；金针菇洗净后切3等份，备用。
2. 取锅，倒入橄榄油烧热后，放入蒜末、洋葱末爆香，再放入杏鲍菇块、新鲜香菇、白色蟹味菇、秀珍菇翻炒均匀；然后放入意大利综合香料、粗黑胡椒粉和少许冷开水，转小火煨煮至入味后，加入金针菇段和盐略翻炒，最后盛入焗烤容器中。
3. 再放入乳酪丝，然后将焗烤容器放入已预热的烤箱中，以上火250℃、下火100℃烤5～10分钟，烤至食物表面略焦黄上色后，取出撒上乳酪粉即可。

家常土豆

🗂 **材料**

土豆400克，百里香适量

🗂 **调料**

盐、黑胡椒粒各1/4小匙，白糖1/2小匙，
孜然粉少许，色拉油1大匙

🗂 **做法**

❶ 土豆去皮切块，放入盆中，再加入所有调料
抓匀，备用。

❷ 取1张锡箔纸铺平，放入拌有调料的土豆
块，备用。

❸ 烤箱预热至上火、下火皆为200℃，将锡箔
纸及土豆放入烤箱，烤约8分钟后取出翻动
材料，再送入烤箱烤约5分钟至有微焦香味
散出。

❹ 最后取出装盘，放上百里香做装饰即可。

肉末土豆塔

🗂 **材料**

猪肉馅80克，土豆2个，蒜2瓣，色拉油适量，
红辣椒1/3个，乳酪丝30克，百里香适量

🗂 **调料**

盐、黑胡椒粉各少许，奶油1小匙

🗂 **做法**

❶ 土豆洗净后，去皮切薄片，备用。

❷ 蒜、红辣椒、百里香均洗净切末，备用。

❸ 将猪肉馅、蒜末、红辣椒末、百里香末放
入容器中，再加入所有调料搅拌均匀，即
成内馅，备用。

❹ 取烤盘，铺上锡箔纸，抹上适量油，再放
入适量土豆片，一片一片摆成圆圈状，然
后加上一层内馅，再堆一圈土豆片。

❺ 接着将烤盘放入已预热至上火、下火皆为
180℃的烤箱中，烤约15分钟后，取出铺
上乳酪丝，再放入烤箱续烤3分钟至上色。

火腿土豆

材料
土豆3个，火腿丁10克，乳酪丁20克，
水煮蛋丁50克，欧芹末适量

调料
蛋黄酱、意大利综合香料、盐各适量，
奶油白酱（做法见14页）2大匙

做法
1. 土豆去皮洗净后切片，取1/3分量的土豆片放入沸水中煮2~3分钟至软后，捞出备用。
2. 取剩余土豆片放入沸水中煮软后，捞出压成泥，再加入火腿丁、乳酪丁、水煮蛋丁、蛋黄酱、意大利综合香料和盐拌匀，接着平铺在焗烤容器中，再放上煮软的土豆片。
3. 然后淋入奶油白酱，最后将焗烤容器放入已预热的烤箱中，以上火250℃、下火100℃烤5~10分钟至食物表面略焦黄上色后，取出撒上欧芹末做装饰即可。

乳酪红薯土豆片

材料
红薯片、土豆片各200克，乳酪丝100克，
欧芹末少许

调料
植物性鲜奶油200克，高汤100毫升，
面粉1/2大匙

做法
1. 红薯片、土豆片入沸水中煮熟（亦可用电饭锅蒸熟）后，取出沥干；所有调料加热拌匀，备用。
2. 将煮熟的1/2分量红薯片铺在烤盘内，淋上已拌匀的1/4分量调料；再铺入煮熟的1/2分量土豆片，接着淋上已拌匀的1/4分量调料；重复做上述步骤一次，最后摆上乳酪丝。
3. 接着将烤盘放入已预热的烤箱中，以上火、下火皆为100℃烤约10分钟，烤至食物表面呈金黄色，取出撒上欧芹末即可。

土豆焗肉

材料

土豆1个，猪五花肉100克，洋葱120克，蒜2瓣，乳酪丝30克，色拉油1大匙

调料

酱油1大匙，白胡椒粉少许

做法

1. 土豆去皮切片，放入沸水中稍汆烫后，捞起沥干，备用。
2. 猪五花肉洗净切丝；洋葱洗净切丝；蒜洗净切片。
3. 取炒锅，倒入色拉油烧热后，放入汆烫后的土豆片、猪五花肉丝、洋葱丝、蒜片和所有调料，以中火翻炒均匀。
4. 再将炒好的材料放入焗烤容器中，撒上乳酪丝。
5. 烤箱预热至上火、下火皆为180℃，将焗烤容器放入烤箱中，烤约10分钟至表面乳酪丝融化、上色即可。

奶油土豆

材料

土豆300克，蒜2瓣，洋葱末100克，奶油20克，牛奶250毫升，乳酪粉20克

调料

盐、胡椒粉各少许，鸡精3克

做法

1. 土豆洗净去皮后切圆片；蒜洗净去皮后切末，备用。
2. 起锅烧热后，放入奶油融化，再将蒜末及洋葱末放入炒香。
3. 接着放入土豆片炒匀，再倒入牛奶煮沸后转小火，煮至土豆片变软后，加入盐、胡椒粉、鸡精一起煮入味。
4. 取烤盘，放入已煮至入味的所有材料，再撒上乳酪粉，接着将烤盘放入已预热的烤箱中，以220℃烤至上色后取出（可另撒入青海苔粉装饰）。

辣味茄条

🍆 **材料**

茄子300克，蒜末30克，红辣椒末15克，葱花20克，香菜末5克

🍶 **调料**

酱油、水各2大匙，白糖2小匙，香油1大匙

📋 **做法**

1. 茄子洗净，切成长段后剖开，再放至锡箔纸上。
2. 将蒜末、红辣椒末、葱花、香菜末及所有调料拌匀成酱料，备用。
3. 烤箱预热至上火、下火皆为200℃，将锡箔纸及茄条送入烤箱烤约5分钟后，取出倒入酱料，再放入烤箱续烤约2分钟至有香味散出，取出装盘即可。

肉末鲜烤茄子

🍆 **材料**

茄子200克，猪肉馅40克，西红柿片2片

🍶 **调料**

白胡椒1/4小匙，酱油1/2小匙

📋 **做法**

1. 茄子洗净后，切成约1厘米厚的片状。
2. 将猪肉馅与所有调料拌匀，备用。
3. 取烤盘，放入茄子片，在茄子片上铺上拌有调料的猪肉馅，备用。
4. 烤箱预热至180℃，将烤盘放入烤箱中，烤约10分钟后取出，即成肉末茄子。
5. 将肉末茄子夹入西红柿片，以层层叠起的形式盛盘即可（可另加入豌豆苗及红甜椒丁做装饰）。

蒜香四季豆

材料

四季豆160克，蒜片30克，红辣椒片10克，
乳酪丝、面包粉、欧芹碎各适量

调料

盐、胡椒粉各1小匙，橄榄油适量，
奶油白酱（做法见14页）3大匙

做法

1. 四季豆洗净切段，放入沸水中汆烫至六成
   熟后捞起，再盛入焗烤容器中，备用。
2. 接着向焗烤容器中放入蒜片、红辣椒片、
   盐、胡椒粉、橄榄油及奶油白酱。
3. 然后将混合拌匀的乳酪丝、面包粉、欧芹
   碎撒入焗烤容器中，备用。
4. 最后将焗烤容器放入已预热的烤箱中，以
   上火250℃、下火100℃烤5～10分钟，烤
   至食物表面略焦黄、上色即可。

照烧四季豆

材料

四季豆200克，蒜泥10克

调料

照烧酱2大匙，水1大匙，香油1小匙

做法

1. 四季豆去头尾及粗丝后，洗净，放至锡箔
   纸上。
2. 蒜泥及所有调料混合拌匀成酱料，备用。
3. 烤箱预热至上火、下火皆为200℃，将锡箔
   纸及四季豆放入烤箱，烤约5分钟后，取出
   均匀涂上酱料。
4. 再次放入烤箱烤约2分钟至有香味散出，取
   出装盘即可。

沙茶玉米

材料
玉米1根

调料
沙茶酱2大匙，白糖、白胡椒粉各1/4小匙

做法
① 玉米去叶、去须后，洗净备用。
② 所有调料拌匀成酱料，备用。
③ 烤箱预热至上火、下火皆为150℃，将洗净的玉米放入烤箱，烤约20分钟后，取出均匀涂上酱料，再放入烤箱烤约5分钟，取出即可。

美味应用
口味重的人，可在焗烤过程中多涂几次酱，烤到酱汁收干时最入味。

照烧玉米

材料
玉米2根，熟白芝麻少许，柠檬片80克，水淀粉少许，鸡高汤3大匙

调料
酱油、味酥各1大匙，蜂蜜1小匙，柠檬汁少许

做法
① 玉米去叶、去须后，洗净备用。
② 将鸡高汤及所有调料放入锅中，以中火煮开后，搅拌均匀，再淋入水淀粉勾薄芡，即成照烧酱，备用。
③ 将洗净的玉米表面刷上煮好的照烧酱，再放入铺有锡箔纸的烤盘中。
④ 接着将烤盘放入已预热至上火、下火皆为180℃的烤箱中烤约12分钟，期间每隔3分钟将玉米翻动一次。
⑤ 取出再刷一次照烧酱，继续烤至上色后取出撒上熟白芝麻，以柠檬片做装饰即可。

法式焗玉米笋

材料
玉米笋200克

调料
芥末籽酱1大匙，蛋黄酱2大匙

做法
1. 玉米笋洗净，放入沸水中氽烫至变色后，捞出沥干，再放入焗烤盘中，备用。
2. 将所有调料拌匀，均匀淋在玉米笋上。
3. 最后将焗烤盘放入已预热的烤箱中，以250℃烤约5分钟至食物表面呈金黄色后，取出即可。

玉米笋焗墨鱼

材料
玉米笋、乳酪丝各30克，墨鱼120克，蒜3瓣，红辣椒1/3个，葱10克

调料
酱油、香油各1小匙，盐、白胡椒粉各少许

做法
1. 玉米笋洗净后去蒂；蒜、红辣椒均洗净切片；葱洗净切段，备用。
2. 墨鱼去头、去内脏后洗净，再切成圈状。
3. 取烤皿，放入玉米笋、蒜片、红辣椒片、葱段、墨鱼圈及所有调料，混合拌匀后，撒上乳酪丝。
4. 烤箱预热至上火、下火皆为200℃，将烤皿放入烤箱中，烤约10分钟至乳酪丝融化、上色即可。

梅子西红柿

🥢 **材料**

西红柿2个，欧芹末适量

🧂 **调料**

柚子粉1/4小匙，梅子粉1/2小匙，
黄芥末酱适量

🍳 **做法**

❶ 西红柿洗净对切后串起；梅子粉与柚子粉混匀，备用。

❷ 烤箱预热至上火、下火皆为150℃后，放入串好的西红柿块烤约2分钟。

❸ 取出烤熟的西红柿块，撒上混合的柚子粉及梅子粉，再撒上欧芹末。

❹ 食用时蘸取黄芥末酱即可。

西红柿焗乳酪

🥢 **材料**

西红柿2个，火腿片3片，乳酪片4片，
西蓝花50克，色拉油少许

🧂 **调料**

盐、黑胡椒粉、肉桂粉各少许

🍳 **做法**

❶ 西红柿洗净，横切成3等份；火腿片和乳酪片均切成4等份，备用。

❷ 取烤盘，铺上锡箔纸，抹上少许油，放入1块西红柿块，再摆上1片火腿片和乳酪片，然后撒上适量混匀的调料，重复上述步骤直到材料用完，最后用牙签固定住。

❸ 接着将烤盘放入已预热的烤箱中，以上火、下火皆为180℃烤约8分钟，烤至乳酪丝融化、上色。

❹ 最后取出盛盘，拔去牙签，再用烫熟的西蓝花装饰即可。

意式西红柿茄子

📋 材料
西红柿200克，茄子100克，罗勒叶5克，
乳酪丝50克，面包粉20克

📋 调料
红酱（做法见14页）3大匙

📋 做法

1. 西红柿洗净沥干，先切去蒂头，再横切成片状，备用。

2. 茄子洗净沥干，先切去蒂头，再横切成片状，备用。

3. 取适当大小的烤盘，铺上一层西红柿片，涂上1大匙红酱，再铺上一层茄子片，接着铺上罗勒叶；再涂上2大匙红酱，最后铺上剩余的西红柿片和茄子片，撒上乳酪丝、面包粉。

4. 将烤盘放入已预热的烤箱中，以上火180℃、下火100℃烤约5分钟，烤至食物表面呈金黄色即可。

香料西红柿盅

📋 材料
西红柿2个，面包粉50克，乳酪丝80克，
乳酪粉10克，罗勒末、欧芹碎各5克

📋 做法

1. 西红柿洗净，从距离其上端1/5处横向剖开，再挖出其中的西红柿肉，备用。

2. 将挖出的西红柿肉切丁，和面包粉、乳酪丝、乳酪粉、罗勒末、欧芹碎混合拌匀后，再填入已挖空的西红柿内，做成西红柿盅，备用。

3. 将西红柿盅放入已预热的烤箱中，以上火250℃、下火100℃烤7～15分钟，烤至表面略上色即可。

甜椒洋葱串

🔖 **材料**

红甜椒、黄甜椒各20克，洋葱80克

🔖 **调料**

白胡椒粉少许

🔖 **做法**

1. 红甜椒、黄甜椒均洗净，切成圈状；洋葱洗净切成厚片状，备用。
2. 以竹签串上红甜椒圈、黄甜椒圈、洋葱片（洋葱片可串在红甜椒圈、黄甜椒圈里面），再撒入少许白胡椒粉，备用。
3. 烤箱预热至上火、下火皆为150℃，放入串好的蔬菜串烤约3分钟至熟即可。

乳酪焗烤甜椒

🔖 **材料**

黄甜椒、红甜椒各1个，蒜末5克，鲜香菇2朵，洋葱末、奶油各10克，虾仁、墨鱼各50克，火腿丁30克，欧芹末、乳酪粉各少许，乳酪丝2大匙

🔖 **调料**

蛋黄酱1大匙，盐、胡椒粉各少许

🔖 **做法**

1. 黄甜椒、红甜椒均洗净、去蒂、去籽，切开上部当盖子，备用。
2. 虾仁洗净、去肠泥后切丁；墨鱼、鲜香菇均洗净切丁，备用。
3. 将蒜末、洋葱末、虾仁丁、墨鱼丁、鲜香菇丁、火腿丁、奶油放入锡箔盒中，再将锡箔盒放入已预热的烤箱中，以180℃烤约5分钟。
4. 取出加入乳酪丝及所有调料混匀后，填入已挖空的红甜椒、黄甜椒中，再撒上少许乳酪粉，然后放入烤箱烤约10分钟后，取出撒上欧芹末续烤约5分钟即可。

照烧焗甜椒

材料
青椒、黄甜椒、红甜椒各100克，
胡萝卜、乳酪丝各30克，蒜3瓣

调料
照烧酱（做法见42页）2大匙，
盐、黑胡椒粉各少许

做法
1. 青椒、红甜椒、黄甜椒均洗净沥干后，切成小块状，备用。
2. 胡萝卜洗净切片；蒜洗净，备用。
3. 取烤皿，放入青椒块、红甜椒块、黄甜椒块、胡萝卜片、蒜，再放入所有调料，并以汤匙搅拌均匀后，撒上乳酪丝。
4. 烤箱预热至200℃，将烤皿放入烤箱中，烤约10分钟至乳酪丝融化、上色即可。

焗烤甜椒

材料
黄甜椒、红甜椒各1个，乳酪丝30克，
乳酪粉1大匙

调料
茄汁肉酱（做法见16页）2大匙

做法
1. 黄甜椒、红甜椒均洗净沥干、切片，以竹签串起，备用。
2. 再淋上茄汁肉酱，撒上乳酪丝和乳酪粉。
3. 接着放入已预热的烤箱，以上火230℃、下火150℃烤约5分钟至表面略焦黄即可。

肉酱焗烤黄瓜盅

🥘 材料

大黄瓜	1条
猪肉馅	100克
蒜	2瓣
荸荠	2个
葱	10克
黄色西葫芦片	适量
葱丝	少许
红辣椒丝	少许

🧂 调料

香油	1小匙
盐	少许
黑胡椒	少许
淀粉	1大匙
蛋清	35克

📋 做法

1. 将大黄瓜洗净，去皮后切厚块，再挖除中间的囊，备用。
2. 荸荠、蒜和葱都洗净切成末，与猪肉馅和所有调料一起搅拌均匀，制成内馅，备用。
3. 将内馅填入大黄瓜内，制成黄瓜盅，备用。
4. 取烤盘，以黄色西葫芦片垫底，再放入做好的黄瓜盅，备用。
5. 接着将烤盘放入已预热的烤箱中，以上火、下火皆为180℃烤约20分钟。
6. 取出盛盘时，盘底垫着烤好的西葫芦片，再放上烤熟的黄瓜盅，最后摆上葱丝、红辣椒丝做装饰即可。

焗西蓝花甜椒

📋 **材料**

西蓝花、菜花各100克，蘑菇5朵，
红甜椒、黄甜椒各1/3个，蒜末1大匙，
橄榄油2大匙，乳酪粉、乳酪丝各适量

🍶 **调料**

盐1小匙，蛋黄酱适量

📋 **做法**

① 红甜椒和黄甜椒放至火上烤至外皮焦黑后，
洗净去外皮，切块备用。

② 将西蓝花、菜花洗净沥干后切小朵；蘑菇洗
净切片，再将西蓝花、菜花、蘑菇片放入沸
水中汆烫至熟后捞起；与烤过的红甜椒块、
黄甜椒块及蒜末、盐、橄榄油拌匀，全部盛
入焗烤容器中，备用。

③ 再将蛋黄酱、乳酪粉和乳酪丝混合拌匀，倒
入焗烤容器中。

④ 接着放入已预热的烤箱中，以上火250℃、
下火100℃烤5～10分钟至上色即可。

焗烤洋葱圈

📋 **材料**

紫洋葱、洋葱各20克，红甜椒圈2片，
黄甜椒圈1片，乳酪丝30克

🍶 **调料**

茄汁肉酱（做法见16页）2大匙

📋 **做法**

① 紫洋葱和洋葱洗净沥干后，切去头尾，再
横切成圈状，备用。

② 将紫洋葱圈、洋葱圈、红甜椒圈、黄甜椒
圈放入焗烤容器中，再淋上茄汁肉酱，撒
上乳酪丝。

③ 接着将焗烤容器放入已预热的烤箱中，以
上火180℃、下火100℃烤约5分钟，烤至
表面呈金黄色即可。

培根芋香卷

材料
草莓4颗，芋泥200克，培根120克，豌豆苗适量，色拉油少许

做法
1. 草莓洗净后对切，取1匙芋泥包住草莓块，再滚成圆柱形，备用。
2. 将培根摊平，放上包有草莓块的芋泥卷起，制成培根卷，备用。
3. 烤箱预热至200℃，取烤盘，铺上锡箔纸，抹上少许油，再放入培根卷，接着将烤盘放入烤箱烤约5分钟。
4. 最后取出盛盘，以豌豆苗做装饰即可。

五香芋头

材料
芋头600克，动物性鲜奶油、奶油各50克，乳酪粉5克，乳酪丝、乳酪块各适量

调料
五香粉1/4小匙，盐1小匙，白糖50克

做法
1. 芋头去皮后切丁，放入沸水中煮软，压成泥。
2. 加入五香粉、盐、白糖、动物性鲜奶油、奶油和乳酪粉拌匀，再全部盛入焗烤容器中。
3. 接着撒上乳酪丝和乳酪块，最后将焗烤容器放入已预热的烤箱中，以上火250℃、下火100℃烤5～10分钟至食物表面略焦黄上色即可。

芋头夹肉

🍖 材料

芋头	200克
猪肉馅	300克
葱花	15克
姜末	10克
蒜泥	2小匙
色拉油	少许

🧂 调料

盐	1/2小匙
白糖	1大匙
淀粉	1大匙
白胡椒粉	1/6小匙
米酒	1大匙
烤肉酱	2大匙

🍳 做法

1. 芋头去皮后切成12片圆薄片；烤肉酱和蒜泥混合拌匀成酱料，备用。
2. 猪肉馅放入钢盆中，加入盐搅打至有黏性后，放入葱花及姜末拌匀，再放入剩余调料搅拌均匀。
3. 取烤盘，抹上少许色拉油，铺上6片芋头片，再将拌匀的猪肉馅分成6等份，分别抹至芋头片上，抹完一片后再放上另一片芋头片压紧，然后涂上一层酱料。
4. 接着在烤盘表面覆上1张锡箔纸。
5. 烤箱预热至上火、下火皆为220℃，将覆有锡箔纸的烤盘送入烤箱，烤约10分钟后取出。
6. 拿掉锡箔纸，再涂上一层酱料后送入烤箱，烤5分钟至微焦香后，取出装盘即可。

焗南瓜泥

材料

南瓜500克，胡萝卜100克，乳酪丝适量，动物性鲜奶油50克，奶油30克

调料

白糖30克，盐1小匙

做法

1. 南瓜、胡萝卜均去皮洗净沥干后，切成小块状，放入沸水中煮至软后，捞出备用。
2. 将煮软的南瓜块、胡萝卜块捣成泥状，再加入白糖、盐和动物性鲜奶油拌匀，最后加入奶油拌匀，即可盛入焗烤容器中。
3. 接着撒上适量乳酪丝，最后将焗烤容器放入已预热的烤箱中，以上火250℃、下火100℃烤5～10分钟至表面略焦黄上色即可（可另加入欧芹做装饰）。

奶油焗烤南瓜

材料

南瓜200克，乳酪丝50克，欧芹末少许

调料

奶油白酱（做法见14页）3大匙

做法

1. 南瓜洗净去皮，沥干、对切、去籽后，切成长条状。
2. 将南瓜条放入沸水中煮熟后，捞起沥干，再装入焗烤容器中。
3. 接着淋入奶油白酱、撒上乳酪丝，最后将焗烤容器放入已预热的烤箱中，以上火250℃、下火100℃烤约3分钟，烤至食物表面呈金黄色后，取出撒上欧芹末即可。

南瓜红酱茄子

材料

茄子150克，南瓜泥120克，
色拉油、罗勒叶、乳酪丝各适量

调料

红酱（做法见14页）45克

做法

① 茄子洗净后切片，放入锅中，以少许油煎
至两面金黄后捞出，备用。

② 取焗烤容器，先铺上一层南瓜泥，再放上
煎过的茄子片。

③ 接着放上罗勒叶，再淋上红酱，撒上乳酪
丝，备用。

④ 最后将焗烤容器放入已预热的烤箱中，以
上火250℃、下火100℃烤5～10分钟，烤
至食物表面略焦黄、上色即可。

木瓜鸡肉盅

材料

木瓜1个（约400克），鸡胸肉100克，
玉米粉、洋葱末各1大匙，芋泥50克

调料

酱油1小匙，白糖、奶油各1小匙

做法

① 木瓜洗净，对切成两半后去籽（取一半
用），内部撒上玉米粉，备用。

② 鸡胸肉洗净后剁成泥，再拌入芋泥、洋葱
末、酱油、白糖，用手抓匀至出筋后，塞
入处理好的木瓜中，接着涂上奶油，即成
木瓜鸡肉盅，备用。

③ 烤箱预热至220℃，将木瓜鸡肉盅放在锡箔
纸上包起来，再将其放入烤箱，烤约15分
钟后打开锡箔纸，再烤2分钟即可。

茄汁烤山药

材料
山药100克，西红柿2个，玉米粒1大匙

调料
番茄酱1大匙，奶油1小匙

做法
1. 山药洗净、刨丝，用盐水泡5分钟后，捞起沥干，备用。
2. 西红柿洗净，切成6片，备用。
3. 烤箱预热至220℃，取烤盘，铺上锡箔纸，抹上奶油，先排上西红柿片，再将山药丝卷起摆入。
4. 接着淋上番茄酱，放上玉米粒，最后将烤盘放入已预热的烤箱烤约3分钟即可（可另加入欧芹碎做装饰）。

咖喱焗烤山药

材料
山药200克，三色豆、乳酪丝各30克

调料
咖喱酱（做法见16页）3大匙

做法
1. 山药洗净去皮后切块状，放入沸水中汆烫至熟后，捞起沥干，备用。
2. 三色豆放入沸水中煮熟后，捞起沥干，备用。
3. 将烫熟的山药块、三色豆混合后，装入焗烤容器中，再淋上咖喱酱，撒上乳酪丝。
4. 接着将焗烤容器放入已预热的烤箱中，以上火180℃、下火100℃烤约5分钟，烤至表面略焦黄，且有香味散出即可。

茄汁肉酱焗西芹

材料
西芹200克，乳酪丝50克

调料
茄汁肉酱（做法见16页）3大匙

做法
① 西芹洗净沥干后切段，放入沸水中汆烫至熟后，捞起沥干，并盛入焗烤容器中。
② 再淋上茄汁肉酱、撒上乳酪丝。
③ 接着将焗烤容器放入已预热的烤箱中，以上火200℃、下火150℃烤约5分钟，烤至表面呈金黄色即可。

蜂蜜芥末焗西芹

材料
西芹150克，乳酪丝50克，黑胡椒末少许

调料
蜂蜜芥末酱2大匙

做法
① 西芹切条，放入沸水中汆烫约1分钟后，捞起放入烤盘，再淋上蜂蜜芥末酱、撒上乳酪丝。
② 接着将烤盘放入已预热的烤箱中，以上火200℃、下火150℃烤约2分钟，烤至表面呈金黄色后取出。
③ 最后撒上少许黑胡椒末做装饰即可。

香甜红薯烧

材料

红薯800克，镜面果胶15克，熟黑芝麻适量，奶油30克，动物性鲜奶油150克，融化的奶油适量

调料

白糖30克，盐1小匙

做法

1. 红薯洗净后对切成两半，放入电饭锅中蒸熟后，挖出红薯肉，并捣成泥状，红薯外皮留着备用。
2. 取红薯泥，加入白糖、盐、动物性鲜奶油和奶油拌匀后，填入已挖空的红薯外皮中，整成橄榄形，再涂上融化的奶油，备用。
3. 接着放入已预热的烤箱中，以上火250℃、下火100℃烤5~10分钟至表面上色后，取出刷上镜面果胶、撒上熟黑芝麻即可。

红薯蒙布朗

材料

红薯700克，乳酪丝10克

调料

植物性鲜奶油20克，乳酪粉10克，蛋黄20克

做法

1. 红薯洗净后，放入已预热的烤箱中，以上火、下火皆为180℃烤约30分钟至熟后，取出备用。
2. 将所有调料混合拌匀，备用。
3. 将烤熟的红薯纵向对切成两半，挖出红薯肉与拌匀的调料混合拌匀后，再填入已挖空的红薯皮内。
4. 接着撒上乳酪丝，最后放入已预热的烤箱中，以上火200℃、下火100℃烤约8分钟至表面呈金黄色即可。

罗勒红薯

材料
红薯300克，蒜末20克，红辣椒末15克，
罗勒末5克

调料
盐1/4小匙，白糖1/2小匙，白胡椒粉1/6小匙，
色拉油1大匙

做法
1 红薯去皮后切粗条，再洗净沥干，备用。
2 将洗净的红薯条放入盆中，加入蒜末、红
辣椒末、罗勒末及所有调料抓匀，备用。
3 取1张锡箔纸铺平，放入拌匀的所有材料和
调料后，包起锡箔纸。
4 烤箱预热至上火、下火皆为220℃，将包好
锡箔纸的红薯放置烤盘上，再将烤盘送入
烤箱烤约20分钟。
5 取出打开锡箔纸，再放入烤箱烤约5分钟至
有微焦香味散出，取出装盘即可。

什锦鲜蔬

材料
西蓝花100克，菜花、蘑菇各50克，
鲜香菇2朵，小胡萝卜、乳酪丝各30克

调料
奶油白酱（做法见14页）4大匙

做法
1 西蓝花、菜花均洗净沥干后，切成小朵状，
再放入沸水中氽熟后，捞起沥干，备用。
2 鲜香菇洗净沥干，去蒂后切片状，再放入
沸水中氽熟，捞起沥干，备用。
3 蘑菇洗净；小胡萝卜洗净，备用。
4 将上述处理好的所有材料和奶油白酱混合
搅拌后，盛入焗烤容器中，再撒上乳酪丝；
接着将焗烤容器放入已预热的烤箱中，以上
火、下火皆为180℃烤约10分钟至表面呈金
黄色即可。

咖喱焗时蔬

材料

胡萝卜	50克
四季豆	50克
西蓝花	100克
洋葱	120克
奶油	1小匙
蒜末	1/2小匙
鲜奶油	3大匙
玉米粉水	1小匙
水	100毫升
色拉油	1小匙

调料

咖喱粉	1小匙
盐	1/2小匙
鸡精	1/4小匙
白糖	1/4小匙

做法

1. 胡萝卜洗净、切片；洋葱洗净、切块；四季豆洗净、对半切；西蓝花洗净、切小朵后，削去粗皮。
2. 将胡萝卜片、四季豆段、西蓝花放入沸水中稍氽烫后，捞出浸泡于冷开水中，备用。
3. 热锅，倒入色拉油和咖喱粉以小火略翻炒，再放入奶油、蒜末、洋葱块，以小火翻炒1分钟。
4. 接着加入水、盐、鸡精、白糖及氽烫过的胡萝卜片、四季豆、西蓝花，煮约2分钟后加入鲜奶油，待沸腾后加入玉米粉水勾芡即可。

缤纷乳酪焗鲜蔬

材料

青豆	30克
胡萝卜	50克
玉米粒	30克
猪肉馅	60克
葱	10克
蒜	2瓣
红辣椒	1/3个
乳酪丝	30克
色拉油	1大匙

调料

盐	少许
白胡椒粉	少许
香油	1小匙
番茄酱	1大匙

做法

1. 胡萝卜削去皮后切成小丁状，备用。
2. 葱洗净切碎；蒜、红辣椒均洗净切片，备用。
3. 取炒锅，倒入色拉油烧热后，放入猪肉馅、玉米粒、青豆、胡萝卜丁、葱碎、蒜片、红辣椒片及所有调料，以中火翻炒均匀。
4. 将上一步炒好的材料全部盛入烤皿中，再均匀撒入乳酪丝。
5. 烤箱预热至200℃后，将烤皿放入烤约10分钟至表面乳酪丝融化、上色即可。

蔬食千层面皮

材料

千层面皮	5张
小黄瓜	1条
去皮荸荠	3个
豆干	3块
胡萝卜	1/3根
西红柿	2个
百里香	适量
洋葱	120克
乳酪丝	100克
鸡高汤	50毫升
色拉油	1大匙
橄榄油	适量

调料

番茄酱	3大匙
奶油	1大匙
盐	少许
黑胡椒粉	少许
西式综合香料	1小匙

做法

① 先将千层面皮放入沸水中煮约8分钟至软后,再捞出泡冷水,备用。

② 将小黄瓜、荸荠、豆干、胡萝卜、西红柿、洋葱均洗净切成小丁状;百里香洗净切碎,备用。

③ 取炒锅烧热,倒入1大匙色拉油,再放入小黄瓜丁、荸荠丁、豆干丁、胡萝卜丁、西红柿丁、洋葱丁、百里香碎以中火爆香;接着放入鸡高汤及所有调料翻炒均匀至收汁,即成酱料,备用。

④ 取烤盘,底部先抹上适量橄榄油,再放入1张千层面皮,接着放入适量酱料,铺上一层乳酪丝,重复上述步骤至材料用完。

⑤ 将烤盘放入已预热至上火、下火皆为190℃的烤箱中,烤约25分钟至表面上色即可。

焗烤嫩豆腐

材料

盒装豆腐1盒，西蓝花30克，乳酪丝20克

调料

茄汁肉酱（做法见16页）2大匙

做法

1. 西蓝花洗净后切成小朵状，再放入沸水中汆烫至熟后，捞起沥干，备用。
2. 豆腐切小片后排入焗烤容器中，再淋入茄汁肉酱，加入乳酪丝拌匀，备用。
3. 接着将焗烤容器放入已预热的烤箱中，以上火200℃、下火150℃烤约5分钟，烤至表面略呈焦黄色后，取出盛盘。
4. 最后以汆熟的西蓝花做装饰即可。

沙茶百叶豆腐

材料

百叶豆腐400克，蒜末10克

调料

酱油2大匙，沙茶酱2大匙，白糖2小匙，米酒1大匙，香油1小匙

做法

1. 百叶豆腐切厚片，再在两面划刀；蒜末及所有调料拌匀成酱料，备用。
2. 烤箱预热至上火、下火皆为220℃，将处理好的百叶豆腐片平铺于烤盘上，再将烤盘送入烤箱，烤约5分钟后，取出翻面，再放入烤箱烤约5分钟至两面微焦香。
3. 取出涂上酱料，放入烤箱续烤约2分钟至有香味散出后，取出装盘即可。

和风烤豆腐

📋 **材料**

鱼豆腐200克

🍶 **调料**

味醂1大匙，日式酱油1/2大匙

🍳 **做法**

① 将所有调料拌匀成涂酱，备用。

② 鱼豆腐用竹签串起，备用。

③ 将烤箱预热至150℃后，放入串好的鱼豆腐串烤约5分钟。

④ 取出鱼豆腐串抹上涂酱，再放回烤箱烤约1分钟即可。

酱烤豆腐

📋 **材料**

老豆腐200克，蒜末30克，姜末15克，葱花适量

🍶 **调料**

甜面酱、豆瓣酱各1大匙，白糖2小匙，
米酒、水、香油各1大匙

🍳 **做法**

① 老豆腐切厚块，放至锡箔纸上，备用。

② 蒜末、姜末及所有调料拌匀成酱料。

③ 烤箱预热至上火、下火皆为200℃，将锡箔纸及老豆腐放入烤箱烤约5分钟，取出淋上酱料后，再送入烤箱烤约5分钟至有香味散出，即可取出装盘。

④ 最后撒上葱花即可。

圆白菜臭豆腐

🫑 材料

臭豆腐	300克
圆白菜	300克
胡萝卜	30克
花生粉	20克
香菜	适量
盐	少许

🧂 调料

盐	1小匙
白糖	1大匙
白醋	1大匙
辣油	1大匙

🫙 调味酱汁

沙茶酱	1大匙
酱油	2大匙
蚝油	1大匙
白糖	1/2大匙
辣油	1/2大匙

🍲 做法

1. 圆白菜洗净后撕小块，再加入材料中的少许盐略拌、腌渍15分钟至菜叶变软后，用手挤干水分；胡萝卜洗净切丝，备用。
2. 将处理好的圆白菜块、胡萝卜丝加入所有调料拌匀、腌渍约30分钟，备用。
3. 臭豆腐洗净，从中间切开后，刷上拌匀的调味酱汁，再放入已预热的烤箱，以200℃烤约10分钟，中途翻面再次刷上调味酱汁，烤至上色后取出。
4. 最后分别以2块烤好的臭豆腐块，夹入拌有调料的圆白菜块、胡萝卜丝及香菜，再撒上花生粉即可。

豆瓣烤豆腐

材料
老豆腐200克，蒜末、姜末各10克，
葱丝、红辣椒丝各适量，泡发香菇丁40克

调料
蚝油、米酒、水、香油各1大匙，
辣豆瓣酱1大匙，白糖2小匙

做法
1. 老豆腐切片后放于锡箔纸上，备用。
2. 蒜末、姜末、香菇丁及所有调料拌匀成酱料，备用。
3. 烤箱预热至上火、下火皆为200℃后，将锡箔纸及老豆腐送入烤箱烤约5分钟。
4. 取出淋上酱料，再送入烤箱烤约5分钟至有香味散出后，取出装盘。
5. 最后放上红辣椒丝、葱丝即可。

肉末焗蛋

材料
猪肉馅80克，鸡蛋4个，葱花20克，水100毫升

调料
盐、白胡椒粉各1/6小匙，酱油、色拉油各1小匙

做法
1. 猪肉馅入沸水中汆熟后捞出沥干；鸡蛋打散，备用。
2. 将鸡蛋液、汆熟的猪肉馅、葱花及所有调料拌匀后，装入焗烤碗中。
3. 烤箱预热至200℃，将焗烤碗放入烤盘中，再于烤盘底加入100毫升的水，接着将烤盘放入烤箱，烤约20分钟至表面微黄即可。

乳酪焗蛋

📋 材料
鸡蛋4个，鲜香菇20克，红甜椒40克，
乳酪丝60克，水100毫升

🍶 调料
盐、白糖各1/4小匙，白胡椒粉1/6小匙，
色拉油1小匙

📖 做法
1. 鲜香菇、红甜椒洗净后切小片；鸡蛋打散，
   备用。
2. 将鲜香菇片、红甜椒片、鸡蛋液及所有调
   料混合拌匀后，装入焗烤碗中，再放入乳
   酪丝，备用。
3. 烤箱预热至200℃，将焗烤碗放于烤盘上，
   再于烤盘底加入100毫升的水。
4. 接着将烤盘放入已预热的烤箱中，烤约20
   分钟至表面微黄即可。

焗水波蛋

📋 材料
法式面包3块，鸡蛋3个，火腿片、乳酪片各3片，
苜蓿芽、豌豆苗各适量，水适量

🍶 调料
奶油白酱（做法见14页）少许，蛋黄酱适量

📖 做法
1. 取锅加水煮至80℃后，打入鸡蛋不要搅散，
   煮成水波蛋后捞起，再放上乳酪片，备用。
2. 将法式面包烤干后，抹上少许蛋黄酱，再
   放上火腿片、做好的水波蛋和乳酪片。
3. 接着放入已预热的烤箱中，以上火250℃、
   下火100℃烤5～10分钟至乳酪片融化、上
   色后取出。
4. 最后放上苜蓿芽、豌豆苗做装饰即可。

乳酪焗蛋盅

鸡蛋3个，猪肉馅80克，虾仁12只，山药30克，乳酪丝1大匙，欧芹末少许，盐开水适量

调料
味醂1/2小匙，盐1/2小匙，玉米粉1小匙

做法
1. 取耐热的杯子，放入盐开水、鸡蛋。
2. 烤箱预热至220℃，将杯子放入烤盘，再将烤盘放入烤箱，烤10分钟后取出，冲冷水至稍变凉后，将鸡蛋剥壳，再对切成两半、挖出蛋黄，备用。
3. 用刀将猪肉馅、虾仁、山药剁成泥状，再加入所有调料及已挖出的其中1个蛋黄，搅拌至呈黏稠状，备用。
4. 接着将馅料塞入已挖空的蛋清中并抹平，撒上乳酪丝及欧芹末，最后放入已预热至220℃的烤箱烤约5分钟即可。

三色焗蛋

材料
菠菜、胡萝卜丁、玉米粒各30克，鸡蛋3个，乳酪丝适量，色拉油少许

调料
胡椒粉适量，盐1小匙，动物性鲜奶油50克

做法
1. 将菠菜和胡萝卜丁放入沸水中氽烫至熟后，捞起沥干，盛入焗烤容器中，再加入玉米粒，备用。
2. 鸡蛋打散，与动物性鲜奶油、胡椒粉、盐拌匀后过筛，再倒入焗烤容器中混合拌匀。
3. 取锅烧热，倒入油，再放入混匀的材料。
4. 用筷子快速搅拌至蛋液半熟后关火，再盛入焗烤容器中。
5. 接着撒上乳酪丝，最后将焗烤容器放入已预热的烤箱中，以上火250℃、下火100℃烤5~10分钟至外观略金黄、上色即可。

洋葱烤蛋焗乳酪

🥘 材料
鸡蛋3个，洋葱丝100克，乳酪丝适量，
火腿丝15克，乳酪粉10克，色拉油少许

🧂 调料
意大利综合香料适量，盐1小匙，
动物性鲜奶油50克

🍳 做法
❶ 取锅，倒入油，放入洋葱丝和火腿丝炒至
洋葱丝变软后，盛起备用。

❷ 鸡蛋打散，与动物性鲜奶油、乳酪粉、意
大利综合香料、盐混合拌匀后过筛，再加
入炒软的洋葱丝和火腿丝拌匀，然后全部
盛入焗烤容器中。

❸ 接着撒上乳酪丝，最后将焗烤容器放入已
预热的烤箱中，以上火200℃、下火100℃
烤15～20分钟至蛋液上色即可。

西班牙烘蛋派

🥘 材料
鸡蛋6个，乳酪丁50克，奶油60克，火腿片2片，
洋葱片、小西红柿片、红甜椒片、黄甜椒片、黑
橄榄片、西蓝花丁、土豆丁各30克

🧂 调料
盐、白胡椒粉、综合香料粉各适量

🍳 做法
❶ 将鸡蛋打散，与盐、白胡椒粉充分拌匀成
蛋液，备用。

❷ 取小型平底锅，放入奶油加热融化后，依序
加入洋葱片、小西红柿片、火腿片、红甜椒
片、黄甜椒片、西蓝花丁、黑橄榄片、土豆
丁炒香，再加入综合香料粉炒香。

❸ 续加入拌匀的蛋液，快速搅拌至蛋液呈半
熟状态时，放上乳酪丁，接着连同锅子一
起放入已预热的烤箱，以180℃烤约8分钟
即可。

乳酪肉桂苹果

🥢 材料

苹果	3个
奶油	30克
乳酪丝	适量
乳酪块	适量

🧂 调料

蛋黄酱	60克
蛋黄甜酱	30克
（做法见15页）	
柠檬汁	10毫升
白糖	40克
肉桂粉	适量

📋 做法

① 蛋黄酱、蛋黄甜酱和柠檬汁混合拌匀成酱汁，备用。

② 苹果洗净、去皮、切丁，备用。

③ 取锅烧热，放入奶油和白糖以小火烧至融化后，放入苹果丁炒至软，再放入肉桂粉、淋上酱汁拌匀，然后全部盛入焗烤容器中。

④ 撒上乳酪丝和乳酪块，接着将焗烤容器放入已预热的烤箱，以上火250℃、下火100℃烤5～10分钟后取出即可。

奶油香蕉

材料

香蕉3根，奶油1大匙

调料

白糖少许，糖粉适量，
蛋黄甜酱（做法见15页）适量

做法

① 香蕉去皮后切块，备用。

② 取锅烧热，放入奶油烧至融化后，放入香
蕉块煎成金黄色（留一块备用），再盛入
焗烤容器中。

③ 接着淋上蛋黄甜酱，撒上少许白糖，备用。

④ 然后将焗烤容器放入已预热的烤箱中，以上
火250℃、下火100℃烤约5分钟至上色。

⑤ 最后取出装盘，再放上一块香蕉，撒上糖
粉做装饰即可。

椰丝香蕉

材料

香蕉300克，椰丝约30克，无盐奶油3大匙

调料

白糖3大匙，椰奶120毫升

做法

① 香蕉去皮切厚片，备用。

② 热平底锅，放入无盐奶油以小火融化后，
加入香蕉片略炒。

③ 加入白糖及椰奶煮开后，全部装入焗烤碗
中，再撒上椰丝，备用。

④ 烤箱预热至上火、下火皆为180℃，将焗烤
碗放置烤盘上，再将烤盘送入烤箱，烤约
10分钟至表面金黄后，取出即可。